U0420478

2008北京奥运建筑丛书

OLYMPIC

故韵新声

RENOVATED AND EXTENDED OLYMPIC SPORTS FACILITIES

改扩建奥运场馆

总主编 中 国 建 筑 学 会
中国建筑工业出版社

本卷主编 北京市建筑设计研究院

中国建筑工业出版社
CHINA ARCHITECTURE & BUILDING PRESS

2008北京奥运建筑丛书（共10卷）

梦 寻 千 回——北京奥运总体规划

宏 构 如 花——奥运建筑总览

五 环 绿 苑——奥林匹克公园

织梦筑鸟巢——国家体育场

漪 水 盈 方——国家游泳中心

曲 扇 临 风——国家体育馆

华 章 凝 彩——新建奥运场馆

故 韵 新 声——改扩建奥运场馆

诗 意 漫 城——景观规划设计

再 塑 北 京——市政与交通工程

2008北京奥运建筑丛书

《故韵新声—改扩建奥运场馆》

总　　序

奥运会，作为人类传统的体育盛会，以五环辉耀的奥林匹克精神，牵动着五大洲不同肤色亿万观众的心。奥林匹克运动不仅是世界体育健儿展示力与美的舞台，是传承人类共荣和谐梦想的载体，也为世界建筑界搭建了一个展现多元的建筑文化、最新的建筑设计理念、建筑技术与材料、建筑施工与管理水平的竞技场。2008年北京奥运会，作为奥林匹克精神与古老的中华文明在东方的第一次相会，更为中国建筑师及世界各国建筑师们提供了展示建筑创作才华与智慧的机会：国内外的建筑师的合力参与，现代建筑形式与中国传统文化的结合，都赋予了北京奥运建筑迥异于历届奥运建筑的独特性，并将成为一笔丰赡的奥林匹克文化遗产和人类共享的世界建筑遗产。

随着2008年的到来，北京奥运会的筹备工作已进入决胜之年。而奥运会筹备工作的重头戏——奥运场馆建设，在陆续完成主要建设工程后，正在紧锣密鼓地进行后续工作，并抓紧承办测试赛的机会，对场馆设施和服务进行了最后阶段的至关重要的检测。奥运场馆的相继亮相，以及奥林匹克公园、国家会议中心、数字北京大厦、奥运村等奥运会的相关设施的落成，都为北京现代新建筑景观增添了吸引世人聚焦的亮点。而由著名建筑大师及建筑设计事务所参与设计的奥运场馆，诸如国家体育场（"鸟巢"）、国家游泳中心（"水立方"）等，更成为北京新的地标性建筑。

2008年北京奥运会新建场馆15处，改扩建场馆14处，临建场馆7处，相关设施5处。其中国家体育场、国家游泳中心、国家体育馆、北京射击馆、国家会议中心、奥林匹克公园、奥运村、媒体村、数字北京大厦等新建场馆以及相关设施，或者由世界上知名的设计师及事务所设计，或者拥有世界体育建筑中最先进的技术设备。无论从设计理念上，还是从技术层面上，这些建筑都承载了北京现代建筑的最新的信息，体现了北京奥运会"绿色奥运、科技奥运、人文奥运"的宗旨，成为2008年国际建筑界关注的热点。向世界展示北京奥运建筑、宣传奥运建筑也成为中国建筑界义不容辞的一项责任。

为共襄盛举，中国建筑学会与中国建筑工业出版社共同策划出版了这套"2008北京奥运建筑丛书"，以十卷精美的出版物向世界全面展现北京奥运建筑的风采。用出版物的形式记录北京奥运建筑的设计理念、先进技术、优美形象，是宣传和展示2008年北京奥运会的重要方式，这既为世界建筑界奉献了一套建筑艺术图书精品，也为后人留下了一份珍贵的奥林匹克文化遗产。

本套丛书共包括《梦寻千回——北京奥运总体规划》、《宏构如花——奥运建筑总览》、《五环绿苑——奥林匹克公园》、《织梦筑鸟巢——国家体育场》、《漪水盈方——国家游泳中心》、《曲扇临风——国家体育馆》、《华章凝彩——新建奥运场馆》、《故韵新声——改扩建奥运场馆》、《诗意漫城——景观规划设计》以及《再塑北京——市政与交通工程》十卷，从奥运总体规划到单体场馆介绍，全面展示了北京奥运建筑的方方面面。整套丛书从策划到编撰完成，历时两年。作为一项艰巨复杂的系统工程，丛书的编撰难度很大，参与编写的单位和人员众多，资料数据繁杂。在中国建筑学会和中国建筑工业出版社的总牵头下，丛书的编撰得到了住房和城乡建设部、北京奥组委、北京2008办公室及首都规划建设委员会的大力支持，更有中国建筑设计研究院、国家体育场有限责任公司、北京市建筑设计研究院、中建国际设计顾问有限公司、北京国家游泳中心有限责任公司、清华大学建筑设计研究院、北京清华城市规划设计研究院风景园林规划设计研究所、北京市政工程总院等分卷主编单位的热情参与，各奥运建筑的设计单位也对丛书的编撰给予了很大的帮助。作为中国建筑界国家级学术团体和最强的图书出版机构，中国建筑学会与中国建筑工业出版社强强联合，再借国内外建筑界积极参与的合力，保证了丛书的学术性、技术性、系统性和权威性。

本套丛书凝聚了国内外建筑界的苦心之思，也是中国建筑界奉献给2008年北京奥运会、奉献给世界建筑界的一份礼物。希望通过本套丛书的编撰，打造一套具有国际水平的图书精品，全面向世界展示北京奥运建筑风貌，同时也可以促进我国建筑设计、工程施工、工程管理以及整个城市建设水平的提升，促进我国建设领域与国际更快更好地接轨。

宋春华
建设部原副部长
中国建筑学会理事长
2008年2月3日

前　言

2008年北京奥运会的圆满落幕，不仅使全球观众一睹奥运健儿的风采，更向世界展示了北京奥运建筑的迷人一面。在世人瞩目的国家体育场“鸟巢”、国家游泳中心“水立方”等核心的新建筑之外，人们还看到了一批面貌焕然一新的老建筑：北京工人体育场、北京工人体育馆、奥林匹克体育中心体育场、奥林匹克体育中心体育馆、英东游泳馆……这些场馆有的已有近50年的历史，有的在1990年亚运会中承担过重要的比赛项目，当奥林匹克之光终于照临东方、照临北京这座古老的城市的时候，它们再次焕发出年轻的光彩。

节俭办奥运是在《北京奥运行动规划》中体现出的奥运筹备核心原则之一。能否充分利用已有的体育场馆，使其成为奥运会比赛或训练场馆？能否通过改造或扩建现有场馆使之服务奥运并在奥运会之后成为全民健身场所，使其发挥更大的社会效益，就成为能否真正落实“节俭办奥运”思想的重要体现。因此，在奥运会建筑的总体规划与建设过程中如何合理地利用现有场馆，通过改扩建使其符合北京奥运会的比赛要求，成为奥运筹备工作的重点。主办方通过对所有场馆设施的建设规模、位置、数量等进行逐一论证，能够利用现有场馆进行改造、扩建的就不新建，能够做临时性场馆的就不做永久性场馆，并充分考虑到场馆的赛后利用问题。

1990年的北京亚运会，为北京乃至亚洲留下了一笔丰赡的建筑文化遗产。北京工人体育场、北京工人体育馆、首都体育馆、奥林匹克体育中心体育场、奥林匹克体育中心体育馆、英东游泳馆、丰台体育中心等，具有良好的改造条件，这些场馆的改扩建成功，不仅为北京奥运会提供了完全符合现代体育竞赛要求的场所，还为北京奥运赛后的全民健身运动提供了更完善的场馆体系。京外区域的场馆建设，也充分利用了这一原则，合理利用了上海体育场、香港马术场地等原有场馆，为北京奥运会节省了大量开支，充分体现了我国“节俭办奥运的”的要求。

北京市建筑设计研究院（以下简称BIAD）有幸承担了丛书中《宏构如花——奥运建筑总览》等四卷的编撰任务，我们感到光荣。BIAD成立于1949年，一贯秉承“建筑服务社会”的核心理念，已有60年的体育建筑创作生涯。从20世纪50年代初北京第一座专业体育馆（现首都体育馆）到1959年作为国庆十周年十大建筑之一的北京工人体育场，从1966年的首都体育馆到1990年的第十一届亚运会建筑，BIAD见证了新中国体育建筑筚路蓝缕、从无到有、从不完善趋于完善的艰辛历程。BIAD的马国馨院士参与的北京奥林匹克规划设计项目获得了国际奥委会主席萨马兰奇首次颁发的“国际体育·休憩·娱乐设施协会银奖”；不仅如此，BIAD人还在北京奥申委的指导下全力参与了北京的两次申奥工作，承担了北京申奥几乎全部奥运场馆及配套设施的设计文件编制及规划研究工作。在奥运会的筹办过程中，BIAD也参与了部分奥运场馆的设计。

本卷《故韵新声——改扩建奥运场馆》全面记录了北京奥运会筹备过程中改扩建场馆的规划、设计、改造的全过程，收录了北京奥运改扩建场馆11处。奥运场馆的改扩建工作的重点，与新建场馆的关注点截然不同。本书在内容编撰上重点讲解了奥运改扩建场馆在如何合理利用现有条件，如何使用新技术、新材料，如何提高场馆的现代化水平以使之符合现代奥林匹克比赛的要求等方面的改造情况，并配以丰富的线图和照片，读者可于其中全面了解奥运场馆改扩建设计与实施的细节。

本卷在编撰过程中，得到了全国各改扩建场馆的设计单位的大力支持，他们为本卷的撰写提供了大量的数据与参考资料，以及场馆的设计图纸。丛书的总主编单位中国建筑学会、中国建筑工业出版社也为本卷的编写付出了巨大的心血，没有他们，本卷的出版是不可想象的。

北京市建筑设计研究院

2009 年 12 月

目　　录

综　述

经营故韵放新声

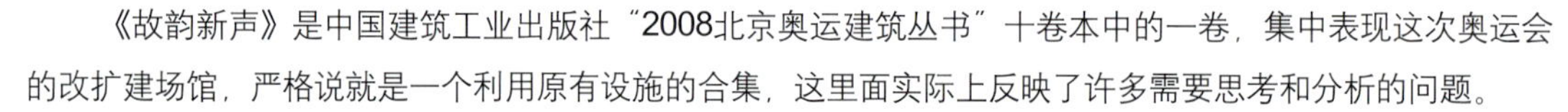

综述 经营故韵放新声

《故韵新声》是中国建筑工业出版社"2008北京奥运建筑丛书"十卷本中的一卷，集中表现这次奥运会的改扩建场馆，严格说就是一个利用原有设施的合集，这里面实际上反映了许多需要思考和分析的问题。

首先要从奥运会本身说起，夏季奥运会是全世界规模最大的综合运动会，从1896年第一届奥运会所设的9个比赛项目开始，到一百多年后的今天已经发展成为有近30个比赛项目的众多比赛内容，其中项目时有增加、更换，如高尔夫、垒球、马球、橄榄球等。到目前国际奥委会将举办项目固定在27～28个左右，这样一来对于主办城市来说，除去比较特殊的水上项目、马术项目以外，还必须提供主会场，足球预赛场4～5个，万人以上的体育馆2～3个，万人以下的室内馆8～10个，室外场地9～10个，室内或室外游泳设施1～2个，还需要训练场地若干，这样大量的体育设施仅供不到20天的大会使用，的确对于主办城市形成了巨大的压力。在国际奥委会眼中，一直以为必须具有一定规模的城市才有能力举办夏季奥运会（不一定是首都）。如在申办2012年奥运会的9个城市中，德国莱比锡很快淘汰出局，就是因为莱比锡只有50多万人口。国际奥委会认为"一座人口少于150万的城市要想承办全球规模最大的体育盛会——奥运会是非常困难的"。除了其接待能力外，其原有体育设施的能力和为此兴建的许多设施在奥运会之后也会带来问题。因此主办城市的原有可利用设施情况已和政局、交通、安保、接待能力等因素一起，成为国际奥委会选定主办城市必须考虑的条件之一。这里最突出的例子就是1984年洛杉矶奥运会，在24个比赛项目共需提供23个比赛场地中，组委会只新建了两个设施，即位于南加利福尼亚大学的室外游泳跳水设施（11000名观众）和加利福尼亚大学的自行车比赛场（8000名观众），其原有设施的利用率高达91.3%，当然这也缘于美国洛杉矶原有体育设施的水准较高，有大量符合奥运会比赛标准的设施可供选择。一些发达国家，体育运动商业化、产业化程度较高，在申办上就会有一定优势，如巴黎在申办2012年奥运会时就声称有60%的场馆可利用已有设施。而在北京申办奥运会时，国际奥委会对北京现有设施的评价是"可能需要大规模地改进才能达到举办奥运会的要求"。从后来的筹办过程看，这一评价还是十分客观的。

再从奥运会场馆建设的历史看，1976年蒙特利尔奥运会由于大兴土木，以及经济、管理方面的原因，工程费远远超出预算，成为奥运会建设史上的反面教材，也有主办国为取得成功而不惜工本的实例。尤其近年来，奥运会的规模越来越大，参与的运动员和媒体记者越来越多，其前期投入和运行费用越来越高，技术和设备要求更先进，在投入和赢利之间的平衡上也让国际奥委会煞费苦心。尤其是新任国际奥委会主席雅克·罗格上任以后，多次强调他的目标之一"就是削减奥运会的费用、规模和复杂程度"，并成立了专门的委员会对"瘦身"进行研究，在2003年曾提出了119项建议，其中涉及场馆建设的就有："技术特点相近的项目共用场馆设施"；"优先使用已有体育场馆，更多地采用临时建筑。兴建新的场馆的前提是，奥运会后主办城市仍需要这些设施"；"合理规划场馆设施的规模及数量"；"采用集中修建场馆的方式，这样比分散修建更为经济"等等。伦敦早在2004年开始申办2012年奥运会时就明确申明："我们从雅典奥运会吸取到一个教训是，只有需要的场馆才去建设。"北京奥运会从申办成功到场馆开始建设，其场馆计划也数度修改，尤其是在2004年下半年开始进行的优化调整。当初申办报告中提出的37个比赛场馆，新建22个，改扩建5个，直接可利用设施10个，经过"瘦身"之后，37个比赛场馆中，新建16个，改扩建13个，临时建筑8个，其中新建场馆比例由原来的59.5%下降到了43%。

相比之下我国国内的许多全国或省际赛事，或沾上点国际的赛事，却有着"喜新厌旧"、"弃旧图新"的倾向，好像利用了原有场馆就显得"没有档次"、"没有面子"，只有花大钱，赶工期建个新的才能

“大手笔”、“新思路”，具体事例此处不再详述。这样一来在体育赛事，尤其是大型赛事中如何充分挖掘潜力，利用原有设施已不单纯是花不花钱的经济问题，而是如何统筹建设，可持续发展，合理利用的价值观、发展观的问题，是一种精神，一种理念。我们常常在宣传我们建设新成就的同时，忽视了这种理念的宣传和弘扬。

从体育建筑或设施的设计和建设开始，实际上它已进入了建筑物的全寿命过程，应该有它的结构寿命、使用寿命、人文寿命和商业寿命。

体育建筑的结构寿命是指它的安全性、适用性和耐久性而言的。我国《建筑结构可靠度设计统一标准》采用的设计基准期为50年，其设计使用年限分为四类，即临时性结构5年，易于替换的结构构件25年，普通房屋和构筑物50年，纪念性建筑和特别重要的建筑结构100年。我国的《体育建筑设计规范》在根据使用要求将建筑分为特、甲、乙、丙四级后，也分别定出主体结构使用年限，特级>100年，甲、乙级为50～100年，丙级为25～50年。这是指在规定时期内，只需进行正常的维护管理，而不需要进行大修就可以按原定目的正常使用，而且即使到了年限，也不是说马上就会有问题，只是指其结构失效概率增大， 可以采取措施补救。所以这次奥运会主会场的结构使用年限即定为100年。国内各地一些体育建筑被炸破、被拆除固然也有安全的因素，但大多数是因为其他方面的原因。

关于体育建筑的使用寿命，在《民用建筑设计通则》中对民用建筑的设计使用年限和结构寿命间有相同的年限对应关系。这在体育场中表现十分突出，像洛杉矶奥运会的主会场最早建于1923年，当时有7.5万座席，在1932年奥运会时为7.4万座，1984年时已是一个有60多年历史的老建筑了。而1992年巴塞罗那奥运会的主会场初建于1929年，当然后来进行了较大的改造。2004年雅典奥运会的主会场也是建于1982年。国内作为主要体育设施使用的寿命最长的大概是建于1959年的北京工人体育场，但也有许多明明可用，而非要另建新体育场的例子。此外在使用过程中也有使用功能改变的例子，如1975年建的1.8万座的上海体育馆在1999年就改建成为专供演出用的室内设施，但2004年为NBA来访又做改造。

体育建筑的使用寿命是注重其物质层面，而其人文寿命，则更多偏重于精神层面。由于见证了体育事业的进步和成就，纪录了历史事件，反映了时代的经济、技术特点，因而就具有了人文意义和历史价值。像北方某城的体育场见证了2001年中国足球队第一次进入世界杯决赛，但在2007年被爆破拆除的决定就比较草率，而且建筑物才使用了19年，引起了各方的议论。北京在2007年公布了北京近现代建筑保护名录（第一批），其中的体育建筑就有北京体育馆、北京工人体育场和首都体育馆。以北京工人体育场为例，这是新中国第一个大型体育场，见证了老一辈领导人多次亲自出席的全运会；第一次举办的亚运会；中国足球的“5·19”。还有许多重要的历史事件，如邓小平文革后第一次复出等，这都使这座体育场带有了更多的人文和历史价值，而已有设施的充分利用也可以减少对自然环境和人文环境的破坏。

体育建筑也有商业寿命，尤其在产业化、商业化的过程中，因健身、服务、餐饮、旅馆、出租用房等活动的需要，或承包承租业主的变更，装修或内部布置的改变，其周期则要看商业活动的需要。

至于这次对各地原有体育设施进行改扩建，以满足奥运会需要，除了上海体育场没有太大改动外，其他设施均进行了程度不同的改扩建，其内容不完全相同，工作量也相差较多。

改扩建工程中的一项重要任务是结构的抗震加固，这是延长结构寿命的重要举措，也可能是属于经历过多次地震灾害的中国特有的要求，早年修建的大型体育建筑或未考虑抗震设防，或其抗震设计达不到现行规范的要求。如北京工人体育场建于1959年，北京工人体育馆建于1961年，首都体育馆建于1968年，均面临加固的任务。北京工人体育场此前虽经过多次改造扩建，但都没有进行抗震加固，因此结构整体加固

的任务十分繁重，在不同部位采用了不同的处理方法，其中包括，对原结构框架斜梁的体外预应力加固；采用黏滞阻尼器对结构减震来使结构满足抗震要求；对梁、板结构采用碳纤维加固；对全场所有结构喷刷吸附型阻锈剂，减缓钢筋的锈蚀；对工程中后来加设的钢结构加强同钢筋混凝土原结构的锚固等。而首都体育馆则采取增加剪力墙把原来的混凝土框架结构转变为框剪结构的办法来提高抗震性能，同时在剪力墙下设置一定数量的人工扩孔桩；在部分新增剪力墙顶采用软钢阻尼器与原框架梁连接抵抗地震水平荷载；拆除部分结构，在梁板的加固部分利用粘钢、粘碳素纤维加固。而北京工人体育馆的楼板则首次采用钢铰线聚合物砂浆外夹层加固技术。通过这一系列措施来保证结构的安全耐久性。

改扩建工程中另外一项重要的任务是节能改造。北京市要求在2004年节能65%的基础上，到2015年达到节能75%，我国“十一五”末节能要求达到1亿吨标准煤的目标，虽然这目标中重点在新建建筑的节能，但节能改造项目也占有相当的比例。因此许多改扩建项目都包括了外围护结构的改造，墙体的外保温或内保温系统；提高外门窗的保温和密封性能，如采用低辐射镀膜玻璃，断桥门窗型材，降低幕墙的传热系数等；另外对屋顶部分的改造，增加保温层；尤其是奥运中心的游泳馆和体育馆，原采用聚苯乙烯金属面板三明治板材，经使用近20年后，除保温隔热降噪性能较差外，防水效果也不理想，因此采用多层保温、吸声，直立锁边的铝镁锰合金屋面系统，对屋顶进行了全面的翻修。在英东游泳馆还增设了采光天窗，可以减少照明能耗，并实现自然通风。

另外为保证场馆在奥运会期间的运行，保证其所承担项目的比赛工艺的各项要求，保证场馆无障碍设施要求的各项改造，其中又可以分为几类情况：

一种是因设施容量扩大或比赛要求须作较大的改造。其中最具代表性的是奥体中心体育场的改造，这里作为奥运会现代五项马术和跑步两项比赛的赛场，观众容量从原1.8万人扩大至3.6万人，建筑高度由原25.9m增高到43m，在尽量保留利用原结构的前提下，想方设法减少结构拆除量，对原有结构采用阻尼器消能减震与加大截面加固相结合；而新扩建部分采用钢框架结构；另外增加了4个圆形坡道解决疏散问题，增加了屋顶罩棚。由于此项工程的实施难度及技术水平，其成果“大型体育场无损性拆除加固及改扩建综合技术”获得专家极高评价，鉴定认为达到国际先进水平。又如北京工人体育场的场地照明方案改造的要求，需将灯具位置提高12m，用前后钢索与三肢梭形钢管格构柱与原钢结构罩棚连接，在安装、就位、张拉、监测等方面都有较大的难度。

另一种是根据比赛工艺和使用要求对内部外部进行改造。如香港马术比赛除利用现有场地外，1.9万人的主赛场由香港体育学院改造，练习场地利用附近的彭福公园改造，越野障碍赛由双鱼河高尔夫球场改建，对马匹安全、健康、检疫、场地、后勤等方面都有很高的要求。奥体中心的体育场、体育馆和游泳馆经过内部改造也使赛时的服务面积大为增加，如体育场的功能用房由原来的8000m^{2}增加到12800m^2，同时在上部看台增加了贵宾休息和包厢等功能用房。英东游泳馆的4.46万m^{2}中，改建了3.75万m^2，扩建了0.55万m^2，与比赛有关的还有座椅的更换、场地地面的更新、厅堂声学效果的改善等。体育馆除进行改造和装修外，还将原平台下扩建4410m^{2}作为功能运营用房。除建筑使用上的改扩建外，采暖、空调、给排水、消防、防排烟、强弱电以及一些特殊设施在经历了多年使用之后，对设施陈旧、功能落后、设备老化、管线锈蚀部分，都要进行相应的更换和提高。如冷热源系统的调整，采用绿色环保节能机组；不同区域的多种空调方式；采暖管道、散热器的更新；中水系统的采用；喷淋灭火系统的增加和改造；变压器及高低压柜的更换及增容；对场地照明系统和全面的弱电系统进行改造，以提升使用功能，如楼宇自控、综合安防、有线电视、网络通信、计时记分、移动通信、扩声等。

对一些有特殊要求的设施，如英东游泳馆，还有泳池面层改造、地板采暖的重新铺设、分区空气调节系统、防结露措施等要求；老山山地自行车场除增加8725m^{2}的服务设施和临时看台外，还要对4.6km长的起伏山路进行修整，增加相应的绿化工程；飞碟靶场的改造除增加永久和临时看台外，靶房特意设计成长城烽火台形状，增加了大量青砖饰面以体现传统特色；丰台体育中心垒球场采用预制模块式脚手架成套技术来解决临时看台的搭建，其可拆除率达100%，材料可重复利用率达99%。

在改扩建场馆中还有两个位于大学中的体育馆，即北京航空航天大学体育馆和北京理工大学体育馆，它们分别建于2001年和2006年，因此除场地、服务和功能用房、无障碍设施和相关的内外部完善外，还分别增加了1392m^2的举重热身区，750m^2的临时热身馆。

在奥运会和残奥会中，13个经过改扩建的原有场馆和那些新建的场馆一样，同样很好地满足了比赛的各项要求，见证了那一个个激动人心的时刻，为这次奥运会的成功发挥了自己应有的作用，按说在这里可以画上一个圆满的句号了。但在原有场馆的利用上，十分需要以这次奥运会为契机，认真总结其中的经验及教训，以形成我们更为重要的资源和财富。

如前所述，在大型比赛中如何充分利用城市已有的设施资源，是赛事成功举办的重要理念和原则问题，必须从节约型社会、统筹发展、可持续利用等角度来认识。国际奥委会为此已率先垂范，身体力行，敦促奥运申办国尽量利用原有设施。从奥运会历史看，从1972年以来的十届奥运会主会场的利用方式中，新建和利用原有建筑（或加改造）各占50%，这里面有主办城市原有条件和其他方面的考虑。1998年法国世界杯足球赛十个赛场中，只新建了一个主体育场，其他均为改造，其中最古老的一个建于1920年。相形之下，我国许多城市每举办较大型赛事，几乎都要新建体育场馆，重复建设的情况十分严重。我国已有场馆中，开放和半开放的只占总数的41%，大量设施在举办完赛事后长期闲置，这些设施中占极大比重的观众座席利用率极低，不能不说是极大的浪费。

在利用原有设施的改扩建内容上，国外也有像巴塞罗那和雅典奥运会主会场改建、扩建有极大的工程量的事例，但对于我国而言，这次奥运会改扩建的内容、规模、难度、投入应该说都是比较大的，这有多方面的原因：如对国际比赛工艺要求的不熟悉；抗震、节能等安全和使用的要求；年久失修和设施老化；加上施工条件和施工难度的制约。这也成为人们不重视利用原有建筑的重要因素，认为新建一个既方便又省时，在形象上又能有所表现。面对我国体育设施的现实情况，更需要大量适于全民健身、用以提高人民身体素质的公益性健身场地和设施。随着我国对外交流的频繁，已建设施符合国际和大赛标准的将会越来越多，利用已有设施的比例也会逐步上升。

在利用原有场馆的改扩建上，也有如何处理短期赛事和设施长期利用现实之间的平衡问题。面对不到20天的国际大赛，对于场地、服务设施、贵宾、记者、赞助商、运动员、国际大家庭等方面都提出了硬件设施的要求。但在现有设施中完全满足这些要求也是十分困难的。因此国外的经验就是大量利用临时设施来予以满足，而在赛后予以拆除。我们这次也有利用8个临时设施的实例，但大多数已有设施的业主还是宁愿选择改扩建或增建永久性设施，可能也有为今后使用更方便或更利于出租创收的考虑。因此改扩建的规模和内容的控制需要赛事主办方和设施业主之间取得共识。

我国的已有体育设施也存在体制管理方面的问题。对于商业化运作的体育设施来说，从策划、管理、运营、维护、更新等方面要有专业水准极高的团队掌控，才能保证设施长期处于正常运转的状态。而我们的大量设施常是带病运转，无力维修，重使用轻保养，无法造血，常寄希望因赛事的举办，而从外部注入资金来完成设施的更新，这也形成了设施改扩建上的恶性循环。

在利用已有体育设施来满足各类体育大赛上，应该说我们已积累了相当多的经验和教训，而奥运会的举办也使这一课题能从更广的视角、更高的标准来重新认识，从而千方百计延长体育设施的使用寿命，保护其人文寿命，更好地为社会和市民服务。

马国馨

中国工程院院士
北京市建筑设计研究院总建筑师
工学博士
中国科学技术协会常务委员
中国建筑学会副理事长

2008年11月20日

奥体中心体育场 | Olympic Sports Center Stadium

项目名称：奥体中心体育场

建设地点：北京奥林匹克体育中心南部

设计单位：北京市建筑设计研究院

奥运会期间的用途：现代五项（跑步和马术）

残奥会期间的用途：无

建筑面积：37052m²

固定座位数：38000个

临时座位数：2000个

建设开工时间：2006年4月1日

1

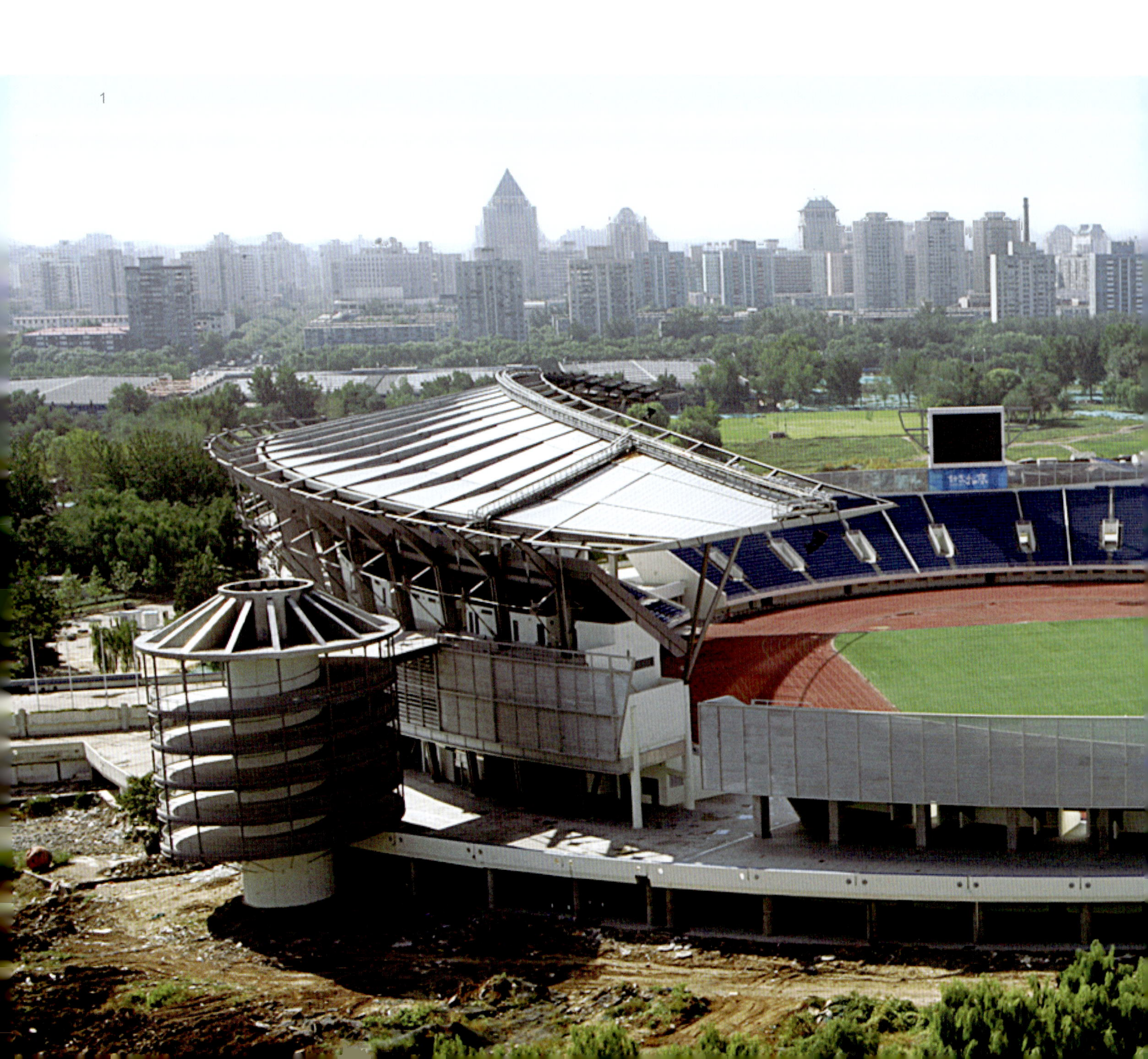

1 奥体中心体育场与周围环境
2 1989年建成的奥体中心体育场鸟瞰（由东向西望）

一、概况

国家奥林匹克体育中心建成于1990年，位于北四环南侧，北中轴路东侧，占地66hm²，是第11届北京亚洲运动会的主要赛区。中心原有场馆总建筑面积11万m²，建有英东游泳馆、综合体育馆、曲棍球场、球类练习馆及各类训练场地数十个。奥体中心体育场就是其中最重要的比赛场馆之一，亚运会时主要承担部分田径和足球比赛的任务。奥体中心建筑群设计通过自力更生和自主创新，先后获得了国家科技进步奖、全国设计金奖、原建设部和北京市工程设计奖、中国建筑学会创作奖和国际体育和休闲设施协会（IAKS）银奖。

根据北京奥组委对所有比赛和训练场馆的统筹安排与规划，国家奥林匹克体育中心将承担手球、水球、现代五项等比赛任务，其中奥体中心体育场将承担现代五项比赛中的马术和跑步两项比赛，将在此产生两枚金牌，为此必须对现有场馆和训练设施进行改造和补充。

3 奥体中心体育场俯瞰

4 奥体中心体育场外景

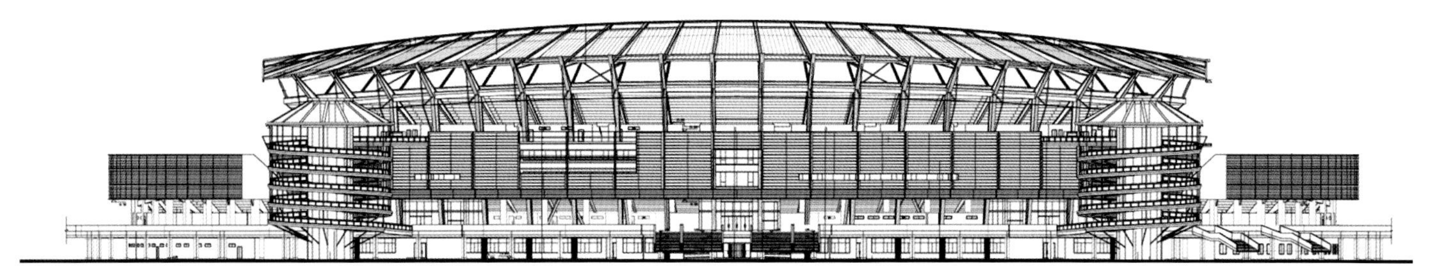

5 奥体中心体育场西立面图

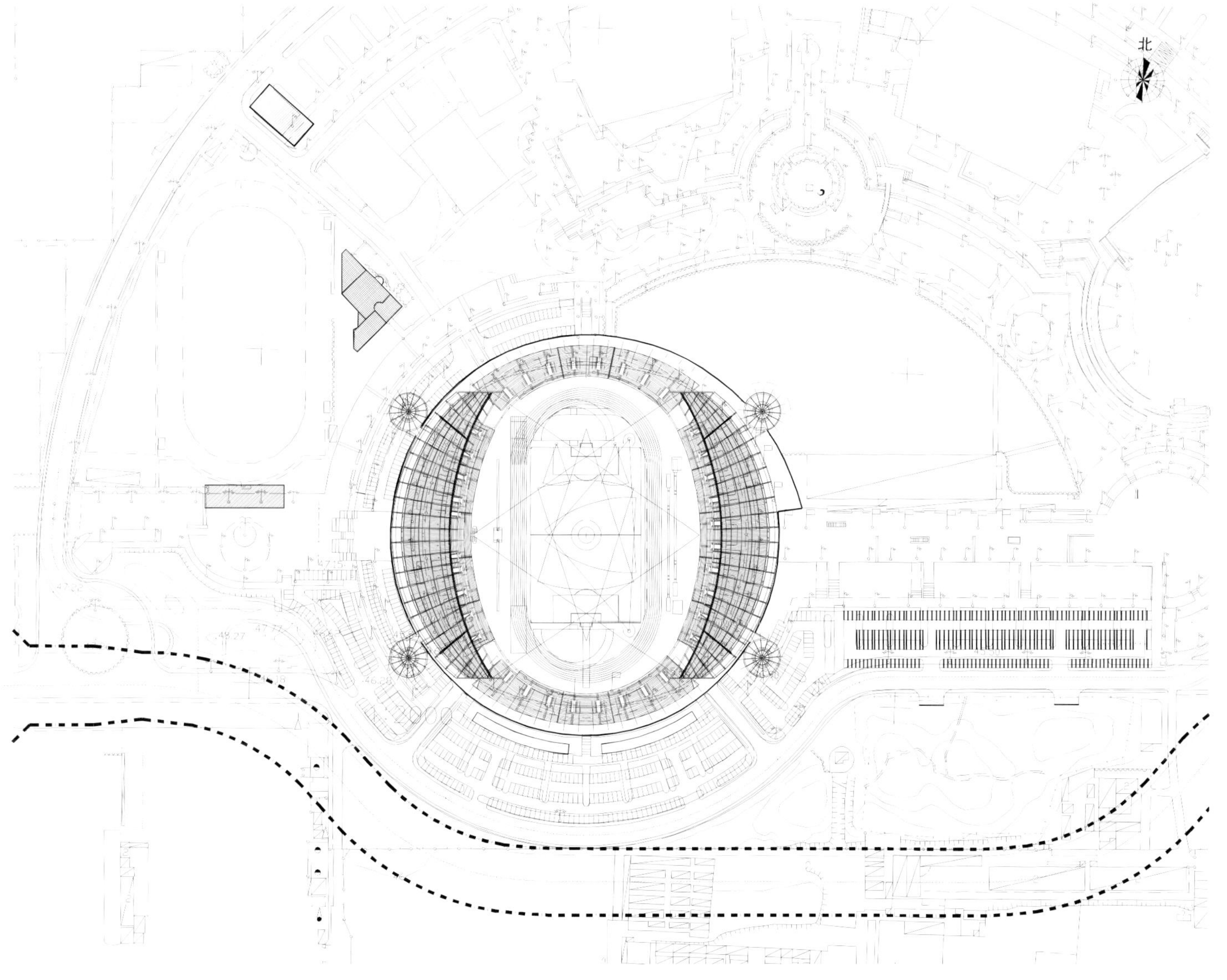

6 奥体中心体育场总平面图

7 奥体中心体育场前的步行道

8 隔水相望奥体中心体育场

二、改扩建内容

1．建筑主体

奥体中心体育场改扩建工程是整个奥体中心改扩建项目中改动量最大、投资最大和最复杂的项目之一。建筑面积由原来的20000m^2增加到37000m^2，坐席数量由18000座增加到38000座，建筑高度由25m增高近一倍。

奥体中心体育场作为奥体中心建筑群中占地面积最大的一个单体建筑，本次改扩建面积比原有建筑面积增大了近一倍，除了向空中发展外不可避免地向四周扩张。为了不破坏奥体中心已有的环境景观，建筑体量不能无限制地扩大，建筑高度应尽量地降低，不能因体育场扩建后的巨大体量破坏奥体中心建筑群的整体格局和北四环路的建筑景观效果。为此，在改建中为了控制体量，先去掉一些原有的上部看台，穿插叠加上新增的楼座看台，这样不仅控制了体育场体积的过度膨胀，而且有效地降低了建筑高度。另外，把原有的高架平台与主体建筑连接起来，在平台下增加的空间里扩建出所需的功能用房。这样，首层建筑面积虽然增加了一倍，但建筑占地面积和平面轮廓线没有改变。

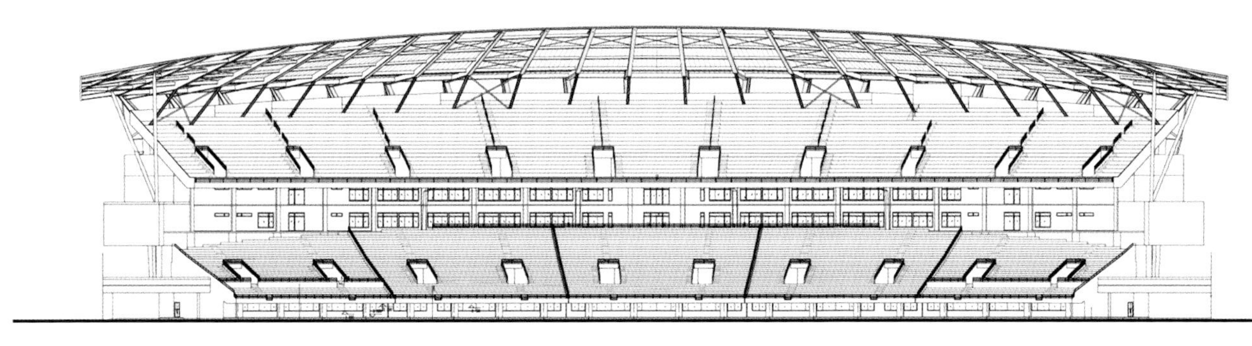

轴立面图 1

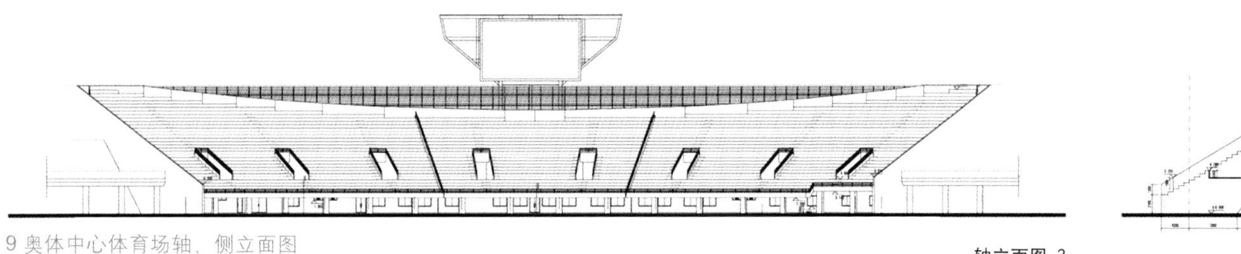

9 奥体中心体育场轴、侧立面图

轴立面图 2

侧立面图

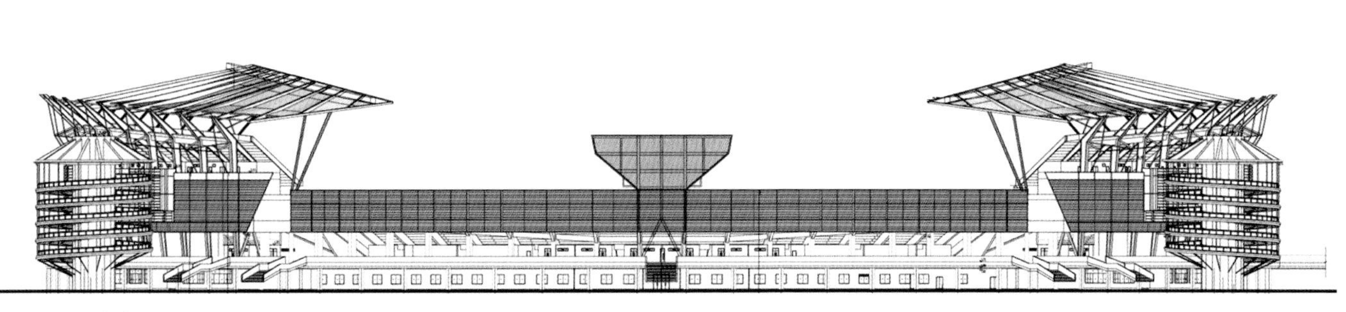

10 奥体中心体育场南立面图

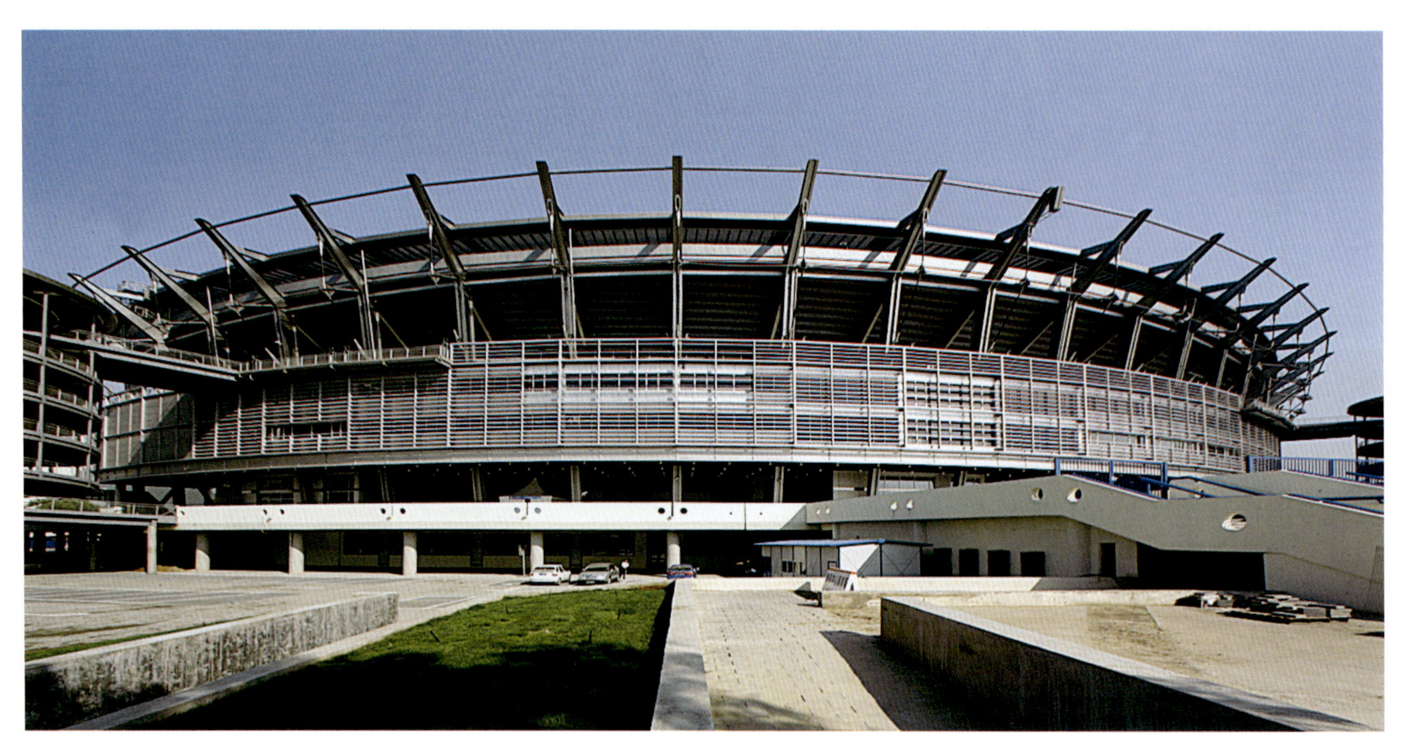

11 奥体中心体育场西北侧

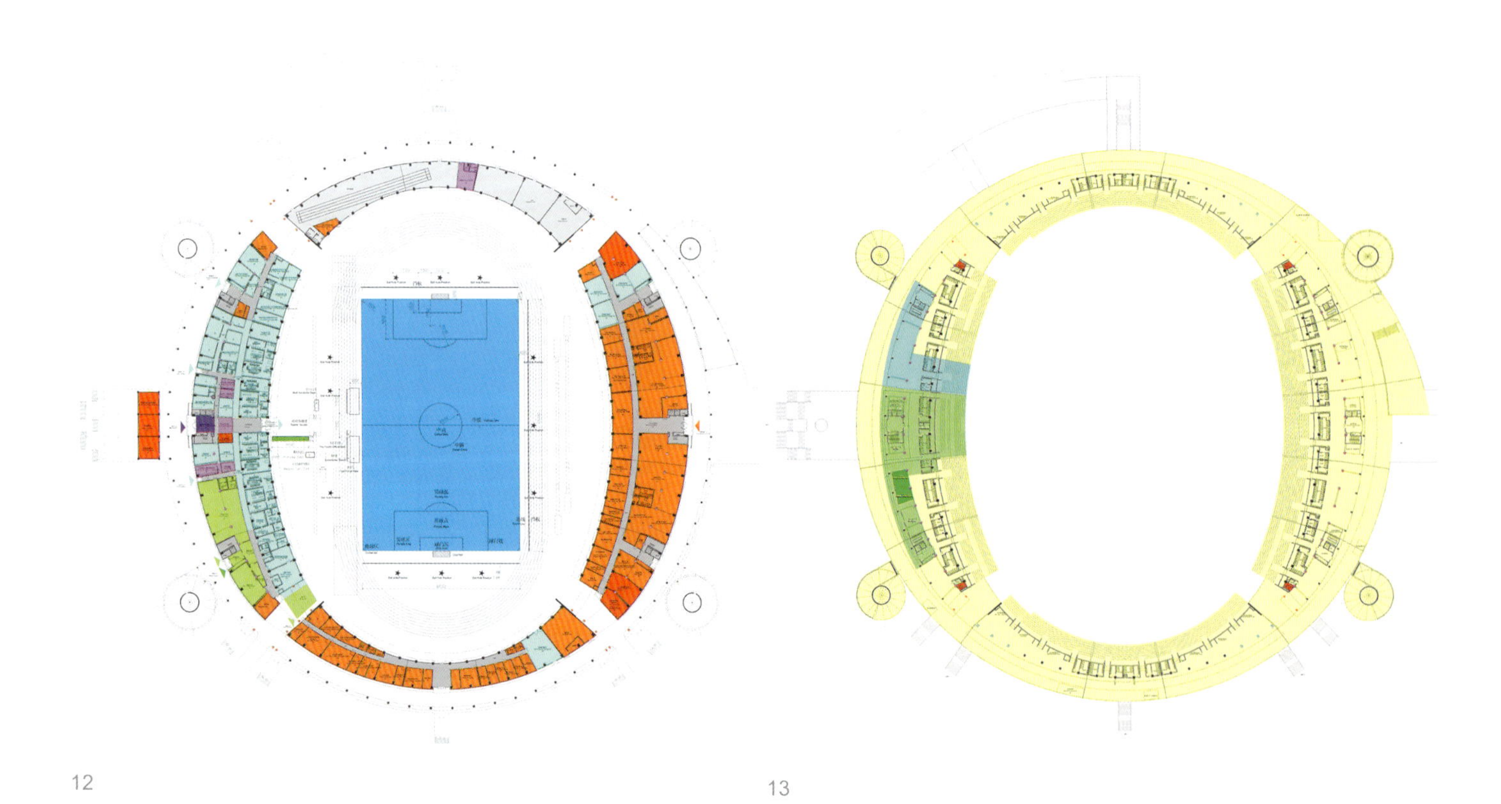

12

13

12 奥体中心体育场首层平面图
13 奥体中心体育场二层平面图

14 奥体中心体育场四角上的无障碍停车位和坡道

2. 交通组织

最大限度地保持奥体中心的人车分流交通系统和无障碍通行系统。奥运会体育比赛时必须同时满足普通观众、运动员、贵宾、媒体、竞赛管理、场馆运营等不同人群的使用功能和安全保障功能，而这些功能用房大部分需要安排在建筑物的首层并有专用通道和出入口与之联系。在改造方案中完全保留了奥体中心原有的道路格局与通行系统，在此基础上进行补充和完善，而不是进行全新的交通组织。同时，改造后的体育场增加了四个圆形坡道用以解决在楼座看台观众的上下交通问题。

值得一提的是，为观众上下楼座看台而专门设计的四个圆形大坡道，给观众带来了奇妙的体验。沿坡道盘旋上下可以全方位地欣赏周围的景观和体育场的建筑细部，打破了爬楼梯的单调之感。同时，适当地延长疏散距离，有利于提高观众疏散的安全性，实际上缩短了疏散时间。经实际测算，从五层观众平台通过坡道疏散到二层平台的时间为4.5分钟，疏散到地面总的时间不超过7分钟，比通过楼梯疏散更安全快捷。

15 无障碍停车位及坡道细部

3. 环境景观与建筑形象

原奥体中心能得到各界的赞誉，首先体现在环境与景观的设计方面。在奥体中心的建设中除了建筑物之外，还有大量的广场、绿化、小品、雕塑等景观要素。中心建成后水波荡漾，绿树成荫，成为一个引人入胜的体育公园。

体育场馆不单是进行体育比赛和运动的场所，更应是体现文化价值和人类精神的载体，应该表达出体育运动自身所具有的美德。奥体中心建成以来，从北四环路看便以体育馆、游泳馆的巨塔及双坡屋顶的整体形象深入人心，体现了中国现代体育建筑与传统文化的结合。改扩建的体育场造型以谦逊的姿态，在烘托原有建筑的同时，形成看台下部坚实有力，罩棚轻盈舒展张力十足的建筑形象。运动员在踏入奥体中心，看到体育场的那一刻起，心中就激发起昂扬的斗志和拼搏的激情。

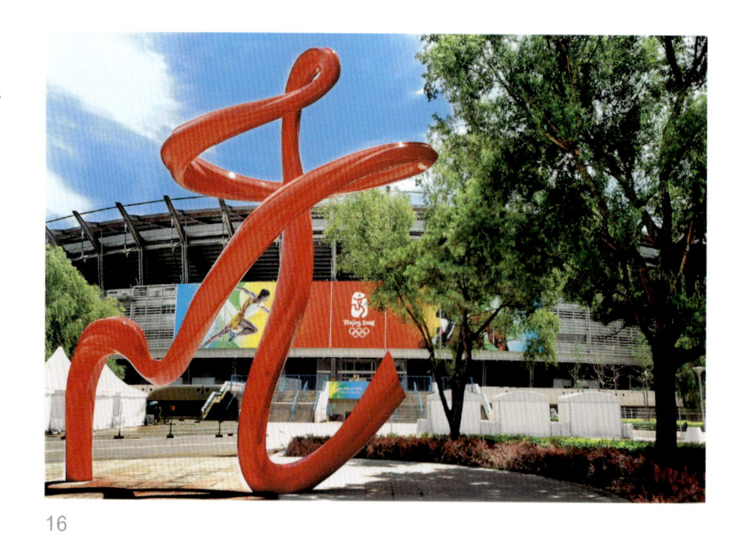

16

16 奥体中心体育场广场前的小品
17～19 奥体中心体育场环境景观

17

18

19

20 奥体中心体育场和西侧马厩

4．结构加固

使用的构件线切割方法，是首次在建筑结构改造中大规模地使用，保证了建筑基础和其他结构构件不受扰动。在原有的基础上采用钢结构技术进行扩建，不仅大大减轻了上部扩建部分的荷载，降低了基础的改造量和加固难度，同时也减少了混凝土的浇筑量，大大缩短了建设工期。配合钢结构设计的耗能支撑与阻尼减震，利用钢材的高强度与高韧性对地震力进行吸收与消耗，从而减弱地震力对建筑的破坏程度。

5．防水处理

建筑防水一直是建筑技术领域中的难题。在建筑正常的使用寿命期内，随着时间的推移，防水材料逐渐老化，再加上人为的改动与破坏，建筑或多或少地出现漏水现象，特别是屋面漏水现象非常普遍。奥体中心体育场在使用的十几年当中始终存在着看台和屋面漏水的问题。原有看台防水采用的是混凝土渗透结晶防水技术，是当时较为先进的技术和工艺。随着时间的推移，混凝土出现细微的裂缝，虽不致影响结构安全，但却抵挡不了无孔不入的水分子。传统的防水做法存在着另外的问题：一旦防水层被破坏，不易查找破坏点。因此不易修补，往往是铲除保护层重新做防水，既费时、费工又费财、费力，如对体育场的看台防水层如此改造，不仅会增加看台的荷载，给下层结构加固增加压力，还要承担面层出现大量裂缝（如果面层没有足够的厚度和配置钢筋）和作业复杂、工期较长的风险。本次设计改造中采用聚脲高分子防水新材料和与之配套的施工工艺，具有显著的优点：(1)工艺简单，施工快捷；(2)既是防水材料，又是面层装饰材料；(3)使用年限较长；(4)容易发现破坏点，易于修补。新的防水材料与技术为解决体育场看台防水改造问题作出了贡献。

21 钢柱细部

22 奥体中心体育场西侧

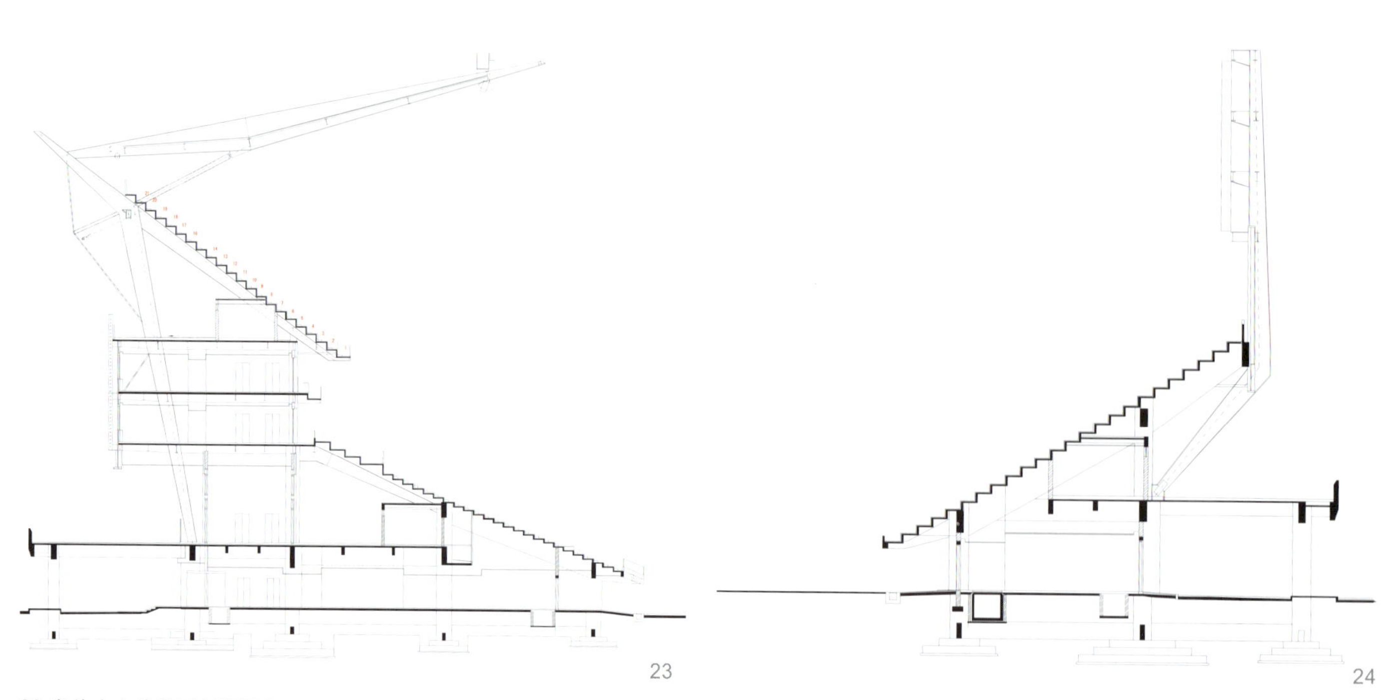

23 奥体中心体育场剖面图之一
24 奥体中心体育场剖面图之二

25

26

25 奥体中心体育场外立面结构细部之一
26 奥体中心体育场外立面结构细部之二
27 奥体中心体育场内走廊
28 奥体中心体育场外立面格栅

27

28

29 奥体中心体育场内部全景

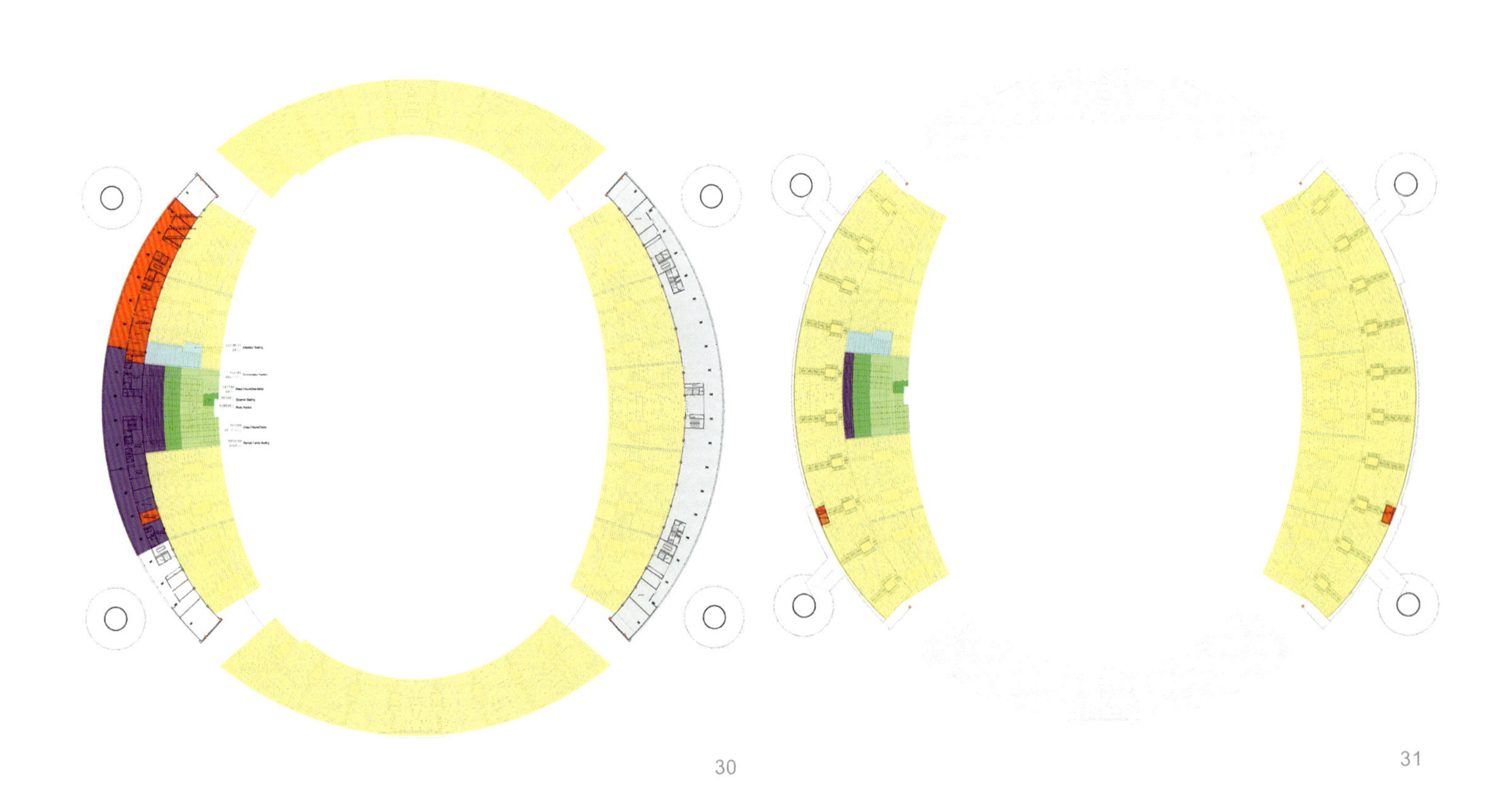

30 奥体中心体育场三层平面图
31 奥体中心体育场看台平面图

33 奥体中心体育场坐席景观及罩棚

32 奥体中心体育场内景

34 奥体中心坐席位

6. 罩棚更换

为适应奥运会比赛的观赛要求，奥体中心体育场的罩棚进行了更换。新的罩棚采用具有隔绝紫外线功能的多层聚碳酸酯板（俗称阳光板）。从看台上的观众角度出发，采用有一定透光率的板材，既防止了紫外线的照射，使观众在炎炎烈日下感到舒适又不会产生压迫感，避免了如果采用金属板材会给比赛场地造成巨大阴影，有利于观看比赛和电视转播的效果。相对于玻璃板材，阳光板又是一种轻质高强且透光率可调的理想材料。

在奥体中心体育场的改扩建过程中，为配合新的建筑发展战略，体现“绿色奥运、人文奥运、科技奥运”三大理念，一系列新的思想被加以贯彻。

(1) 经济节省

本着勤俭办奥运，树立节省投资的经济观念成为工程设计中的又一原则。首先，采用朴素的装饰材料，减少或降低非功能性的材料消耗和装修标准。取消了原设计的夹心铝板幕墙的外墙系统，代之以加气混凝土加外墙涂料的传统做法；取消了一些复杂繁琐的内装修做法，代之以简洁明快的装饰风格。其次，通过建筑功能与机电设备用房的合理布局，减少管道长度，降低能源消耗，从而降低工程造价。

(2) 注重人文关怀

对体育场不同使用人群的人文关怀表现在体育场设计的许多方面。如完善的无障碍设施，为贵宾和媒体记者设置的电梯和专用通道，为体育场管理人员选择的朝向和景观俱佳的办公用房，为运动员创造的明亮舒适的更衣休息空间等。

(3) 绿色发展

尊重环境和前辈创造的建筑文化遗产是“绿色”的历史发展观；节约土地和资源是“绿色”的资源发展观；节省投资经济高效是“绿色”的经济发展观；采用先进的技术手段体现时代特征并力求创新是“绿色”的科技发展观；注重建筑的文化与精神传播和对使用者的关怀是“绿色”的人文观。

35 奥体中心体育场罩棚

36 奥体中心体育场主看台

具体到体育场的改扩建设计，健康发展的观念体现在很多方面。最大限度地保持原有绿化面积和景观；采用绿化停车场和透水铺装以利于雨水回渗；全面使用环保的建筑材料；采用建筑节能技术和产品，努力降低建筑全寿命期的能源消耗和运行费用；建筑空间的灵活性与可转换性有利于场馆的赛后利用和发展。体育场东西立面上的大面积金属百叶也是其中的一项措施。它不仅起到装饰和丰富建筑立面的作用，更重要的是为赛后使用者提供良好的人工环境。通过对北京夏冬两季太阳高度角的分析与计算，确定了百叶的水平角度为35°，在夏季，可以有效地减弱太阳直射光给建筑室内造成的升温，降低夏季空调能耗；在冬季由于太阳高度角的降低，又能使太阳光照射到室内，提高室内温度。凡此种种的措施都是设计者对“绿色奥运”场馆建设的诠释。

37 奥体中心体育场场地内景之一
38 奥体中心体育场场地内景之二

37

38

奥体中心体育馆 | Olympic Sports Center Gymnasium

项目名称：奥体中心体育馆

建设地点：北京奥林匹克体育中心西北部

设计单位：北京市建筑设计研究院

奥运会期间的用途：手球

残奥会期间的用途：无

建筑面积：47410m^2

固定座位数：5000个

临时座位数：2000个

建设开工时间：2006年4月1日

一、概况

从四环路上的北辰桥向西南看，就可以看到四个白色的塔柱和两个银色的大屋顶，它们既蕴含着中华民族的建筑特色，又显示出现代化建筑的气息。这就是国家奥林匹克体育中心的体育馆和英东游泳馆。

国家奥林匹克体育中心原来是为1990年9月22日至10月7日在北京召开的第11届亚运会而建设的场馆，由北京市建筑设计研究院于1988年设计，马国馨（北京市建筑设计院总建筑师，中国工程院院士，全国勘察设计大师，1988年奥体中心总设计师）做总体设计规划，体育馆由闵华瑛担任工程主持人。大台阶、金属曲面屋面、八字形曲面钢网架结构组成的体育馆、英东游泳馆和体育场共同形成了奥体中心的形象，无论从技术上还是造型上都是当时最先进的体育场馆。经过17年的使用和多次维修，这些场馆在很大程度上依然可以满足奥运会的比赛要求。可以说奥体中心的建筑群已经成为我国体育建筑史上的里程碑。

国家奥林匹克体育中心体育馆总建筑面积47410m^2（含训练馆），其中体育馆28000m^2，训练馆15000m^2，扩建部分4410m^2。改建前原有观众座位近6000席，改造后为6300席。国家奥林匹克体育中心体育馆在2008年北京奥运会期间，将承担手球预赛和1/4决赛以及残奥会的盲人门球、轮椅篮球、

1

1 奥体中心体育馆全景
2 改造前的奥体中心体育馆

2

3 奥体中心体育馆西立面图
4 奥体中心体育馆南立面图

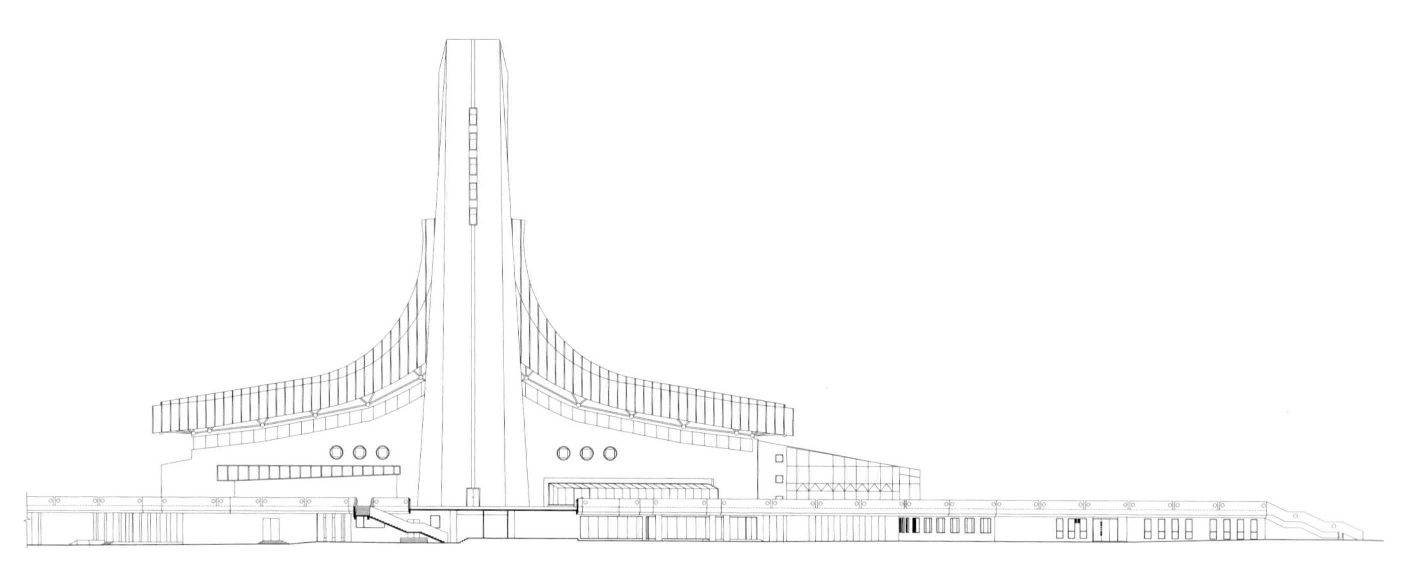

3

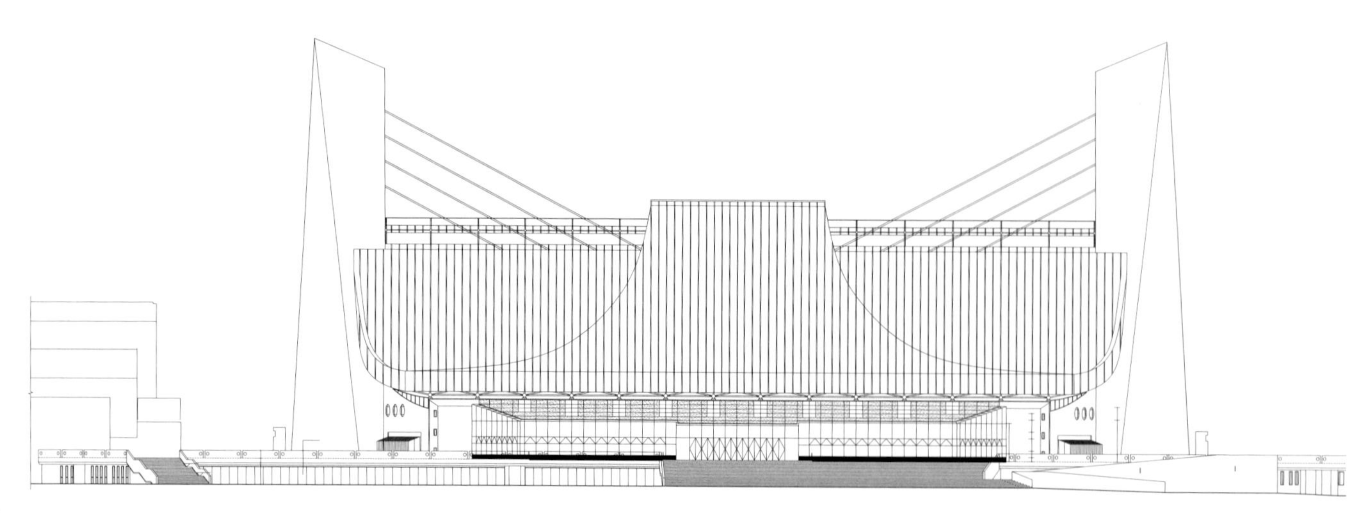

4

轮椅击剑、轮椅橄榄球的训练任务。赛后则将满足国家队训练、全民健身以及相关大型活动的需求。

二、改扩建内容

为了承办北京2008年奥运会比赛，2006年开始对奥体中心进行大规模改扩建。为了满足已经变化的建筑规范要求以及从功能和面积上满足奥运会的特殊需要，同时使这座建筑重新焕发出青春，本次设计遵循了以下原则：

第一，此次修改是功能修改而不是形式修改，无论怎样修改，不能改变建筑原来的样子，要保留历史的原貌；

第二，局部该新增的设施，要明显地能够看出来是新增加的，但是在色彩和形式上要弱化；

第三，对建筑的空调、上下水设备和智能化设施以及通信、灯光等电气设备进行节能改造和增加，减少以后运行中的能源消耗；

第四，要遵循绿色建筑和环保的设计要求，通过设计手段尽可能减少建筑对环境的影响。

1.建筑主体

奥运比赛对于场馆的要求远远比亚运会的时候要高，其中一个要求就是要增加场地外的附属使用面积来容纳赛事时期的各种竞赛管理人员。在现场勘察时发现，在原来设计中，主馆东西侧的观众平台都是架空的，南侧的平台和观众大台阶为夯土筑实的，这是由于原来建筑面积和造价控制形成的，这一部分正好为现在建筑面积的扩展创造了条件。

扩建设计就将东侧平台下原来的架空部分加上了永久维

5 奥体中心体育馆首层平面

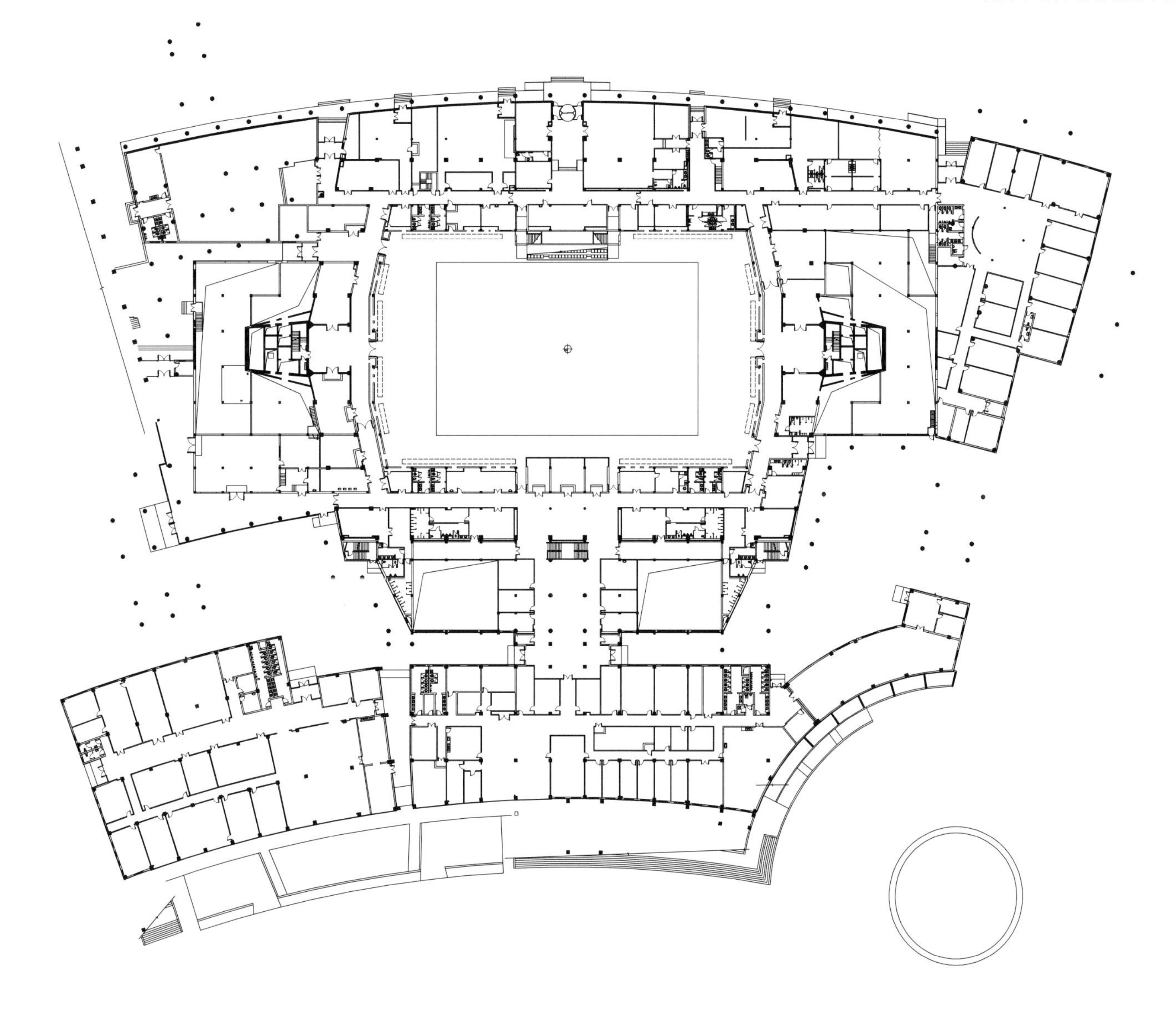

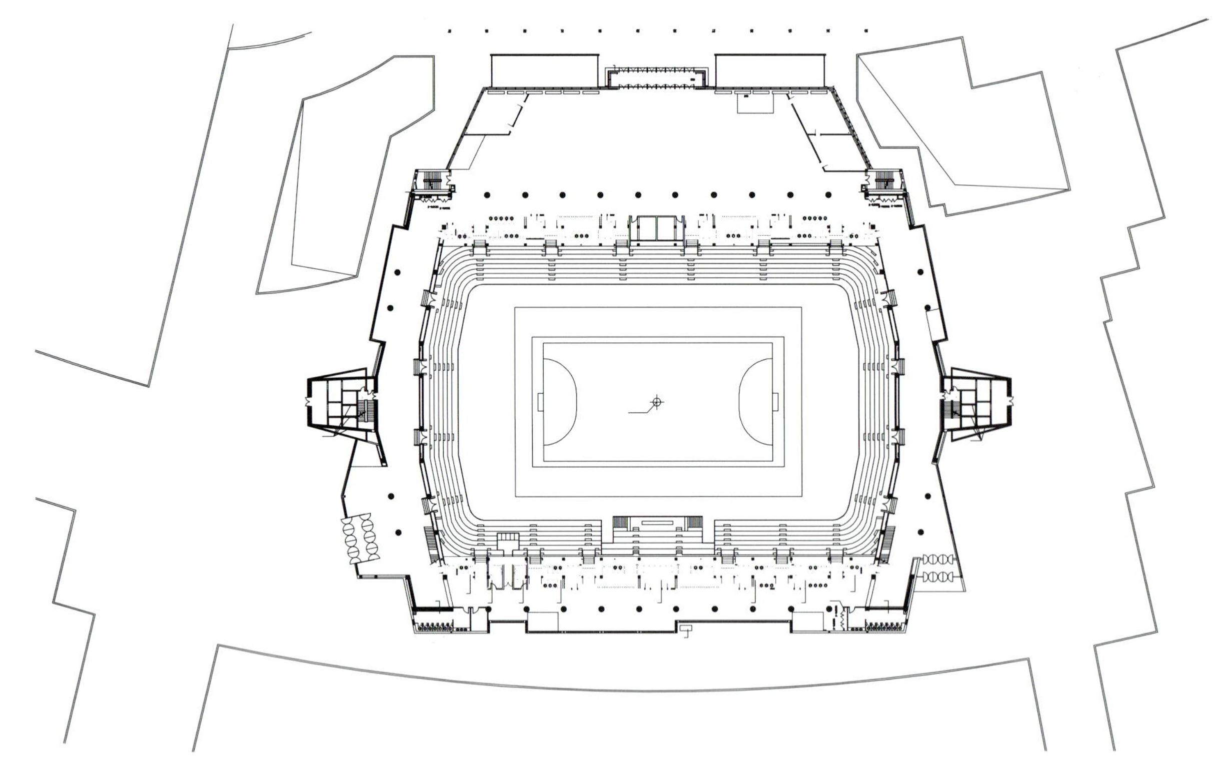

6 奥体中心体育馆二层平面图
7 奥体中心体育馆南立面

8 奥体中心体育馆入口

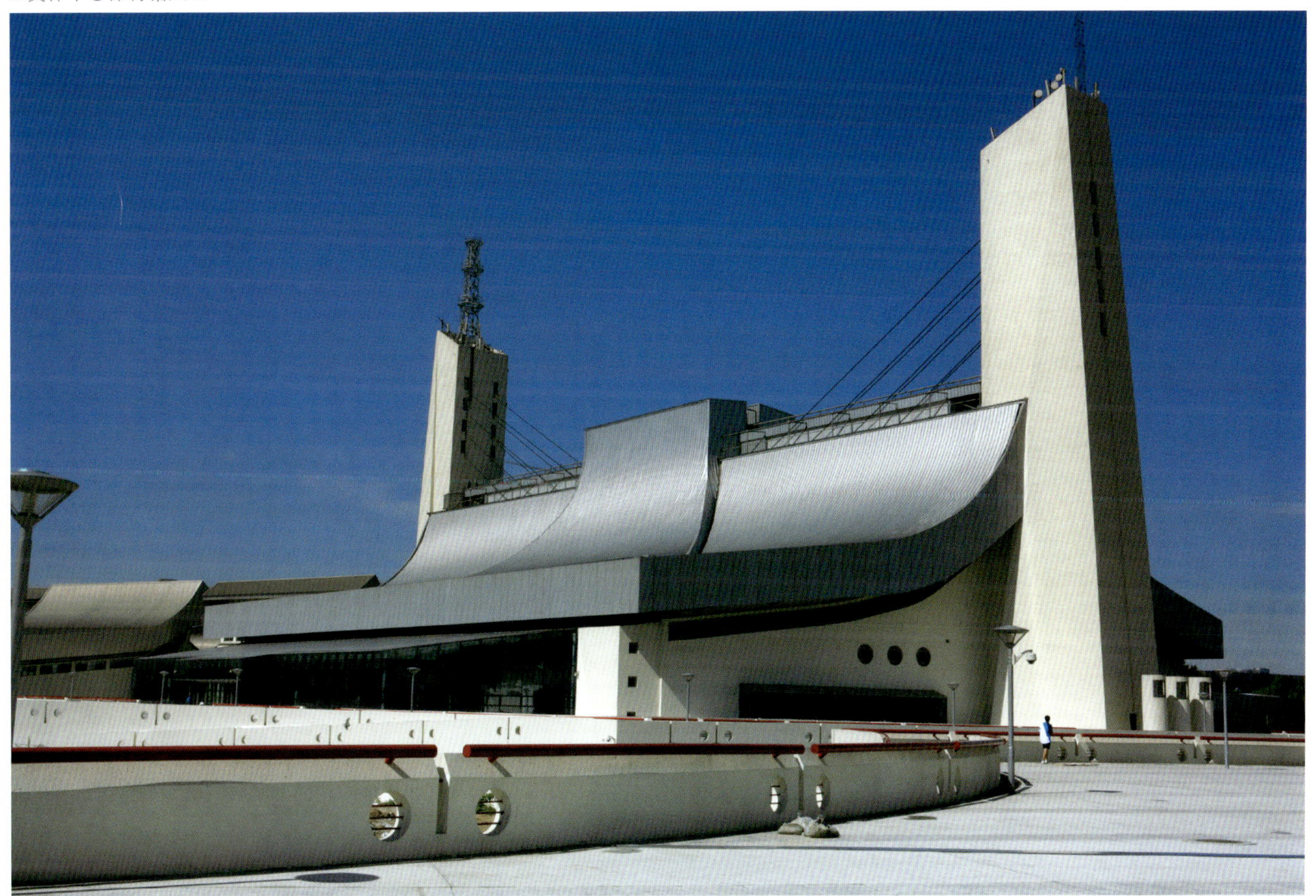

9 奥体中心体育馆外观

护，改为赛时竞赛管理区，在奥运会赛时提供一个独立的区域作为手球竞赛官员工作区域，并且把原来螺旋楼梯部分改为玻璃的采光顶，下面形成带有天光的休息讨论区。本区域2007年改造后经过国际手联主席、副主席以及奥组委手球官员的亲临考察，感到非常满意并加以赞赏。

南侧的夯土平台也被重新挖开改建，变成首层大面积的建筑空间，而观众依旧从原来的高度上进入体育馆。这部分面积在奥运会时作为安保用房及志愿者用房等场馆运营管理区，此区域将承担奥运会赛时的整体运行和安全保障，成为比赛的后勤区。

这部分的修改增加了奥运会需要的建筑面积，但是从外形看完全与原始规划相同，没有突出占地，完全遵从了奥体中心整体园区的规划风格和建筑形式，与英东游泳馆等建筑相协调，完善了奥体中心园区和谐一致的大环境。

10 奥体中心体育馆环境景观
11 奥体中心体育馆局部
12 从英东游泳馆室内看奥体中心体育馆

10

11

12

13 奥体中心体育馆环境景观

14 奥体中心体育馆外的小品

15 奥体中心体育馆内景之一

16 奥体中心体育馆内景之二

17 奥体中心体育馆内景之三

18 奥体中心体育馆场地一角之一
19 奥体中心体育馆场地一角之二
20 奥体中心体育馆看台座椅
21 奥体中心体育馆积分牌
22 奥体中心体育馆内部双曲面屋顶结构
23 奥体中心体育馆观众席一角
24 奥体中心体育馆场地细部

2.节能改造

中国的建筑业在17年中，有了翻天覆地的变化，变化最大的不仅是建筑的技术和外观方面，更在于对于建筑设计的理念和设计思想。

1988年设计本建筑时，尚没有节能设计的概念，而现在，已经有了两代的节能设计的要求，这些新要求对于老建筑是需要花费比较大的工作来解决的，主要需要解决屋顶、外墙和门窗等部位的外保温问题。

18

19

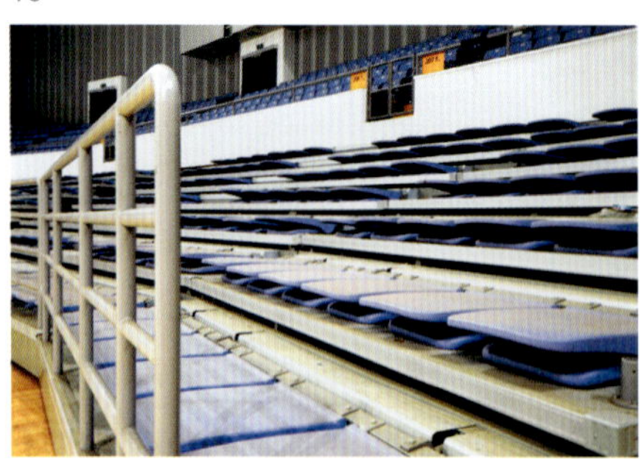

20

21

22

本次改扩建观念是在维持原来整体形象的前提下修整外形，主要有以下几项：（1）在建筑外面整体墙面增加了一层外保温，更换成了保温型的门窗，相当于给建筑穿上了一件棉袄，增加外墙的保温性能，减少以后运行时的能源消耗；（2）更换大屋顶材料，采用和国家大剧院屋面防水材料一样的铝镁锰板，并且和保温、吸声等功能进行复合设计和安装，屋面材料不仅比原来的漂亮，而且功能更完善了；（3）增加建筑的自然通风和采光，在以后运行中可以减少能源的消耗。

再有就是节约使用建筑材料，尽量少地在建筑中使用非功能性的材料，减少建筑的装饰，通过设计使功能性材料具有装饰效果。例如，在比赛大厅内部墙面的装饰设计，就没有附加装饰材料，而是通过变换吸声板间隔的设计手法，让吸音材料本身的布置形成节奏和韵律，起到对空间的装饰效果。

还有就是加强对原有材料的利用，能够利用的就保留

23

24

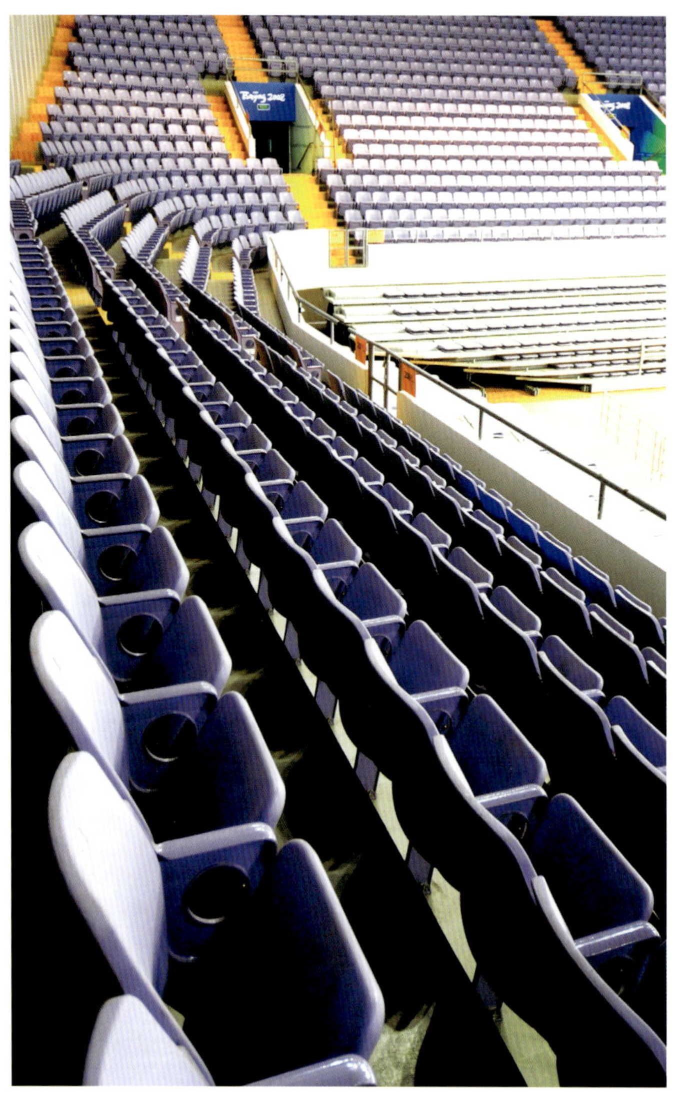

25 奥体中心体育馆看台细部之一

26 奥体中心体育馆看台细部之二

下来，能够翻新使用的就翻新使用。像运动员走廊里的石材墙面是2000年改建的时候刚刚装上的，本次改造时细致拆除下来，墙体和地面改造后装回去，而且在其他部分的装修都保持和这种石材一致的风格和色调。再有，体育馆木地板的更新利用，比赛大厅里要安装符合国际篮球比赛要求的运动木地板，拆除下的旧的运动地板由于还在使用寿命内，经过处理加工安装在训练馆内使用，原训练馆内部的地板翻新后给其他的训练馆使用，尽可能节约和综合利用现有的物资资源，切实将节俭办奥运的精神落实到实处。

3.建筑色彩

色彩是人们对于空间的第一感觉，色彩可以影响人们对于空间的感觉和体会。可以说色彩是空间的第一层皮肤，空间的色彩的选择是非常重要的。

在这个建筑内部的色彩选择上，如何使这个改造的建筑具有自己的特点，有强烈的时代感，同时使色彩运用有科学理论的支持是要首先考虑的问题。对此，设计组的建筑师们花费了很多的心血。

在比赛大厅的内部，无论墙面、地面、结构杆件的涂料都采用在色彩表上非常中性的灰色色调，只有在中央的比赛场地上才是淡黄色的美洲枫木的颜色。

比赛大厅内部座椅的色彩选择也花费了很多心思，原先中国体育馆的座椅颜色很单一，1988年后改变观念，乐于在一个场馆中使用多种饱和度很高的颜色，目的是让空着的体育场馆更好看些，更注重现场人们的感受，以及转播时的播放效果。这次选择统一的非常淡的紫颜色，这种颜色和人的肤色形成对比，各种肤色在它的映衬下都很好看。另外，体育馆的金属卤化物灯刚开的时候灯光会偏蓝，比较暗，这种

27 奥体中心体育馆媒体区

28 奥体中心体育馆休息区内景

29 奥体中心体育馆公共走廊

状况下座椅的颜色是偏蓝的紫色，也不难看。随着灯光越来越亮时，颜色也越来越好看。无论什么色彩和这种淡紫色都能够比较协调。另外这种彩度比较低偏灰色的颜色有助于摄像机找到白平衡，非常适合电视转播。

整个场馆的内部主色调是灰色，包括风道、网架、马道、后墙、地面、座椅，全是在一个色系里面，整个场馆最亮的是比赛大厅重新更换的黄色枫木面层的满足NBA要求的运动木地板，这有助于观众将目光聚焦到赛场内的运动员身上。

4.建筑装饰

建筑在诞生、使用，到消亡的过程中都能不过多地消耗能源才是绿色的。因此，在改建中不想添加任何建筑本身不需要添加的东西。让材料在应该出现的地方有秩序地出现就能体现应有的美感。完工的体育馆整个建筑几乎没有额外的装饰，所有的装饰都是直接的结构构件和功能材料，比如钢梁、吸声板、风道、线管、灯具，通过对材料、设备的安装和布置设计，用排布的不同，间距的不同，产生美妙的节奏和韵律，直接装饰整个建筑，塑造一个美好的空间。

例如对于体育馆南厅主入口的改建，原有观众大厅入口比较陈旧狭小，南大厅内部原来有8根混凝土柱子，改造时将全部柱子打掉了，拓展了大厅的空间；以前南大厅的门斗是向室内方向设计的，现在改成向外突出的，虽然大厅轮廓线没有变，但是实际使用面积却比以前大多了。而在内部装修方面将简约主义风格带进这个具有象征主义意味的建筑，将钢梁、风道和灯具组合化设计，同局部的条形天窗一起，形成严谨的节奏关系。经过各专业密切配合协作，认真协调布置管线，使观众大厅的整体环境明亮宽阔，简洁大气，良好的自然通风措施也为观众使用带来舒适的活动环境，成为本次改扩建的一个亮点。

另外，在建筑改造中能不做吊顶就不做，平台下增加的4000m^{2}几乎一个吊顶都没有做。如果多增加一层石膏板的吊顶，工序增加、工期拉长，造价提高，包括以后拆除时，都会增加能源消耗。只在必要的地方用一些铁丝网吊顶，大部分走道和空间通过对灯具的布位，将节奏和韵律感体现出来，那些铁丝网还可以回收再利用，避免污染。在体育馆比赛大厅内部也将全部风道敞在外头，采用先进的螺旋风道，在比赛大厅内既满足了设备通风的要求，又非常美观大方，有良好的装饰作用。

30 奥体中心体育馆柔光天窗细部

悬挂吸声体和吸声墙面的改造在形式上以掩藏在网架中的设计为构思，经过整体音响设计后比赛大厅形成内部吸声构造，力求突出网架本身的形式和轮廓，最大限度地保持了原有结构设计的构造美感。钢梁和网架经过结构复核和防火处理也都是暴露的，极简主义设计使体育馆具有鲜明的时代感。

北京在申办2008年奥运会时提出了“绿色奥运、科技奥运、人文奥运”三大理念贯穿整个奥运场馆的设计和施工建设过程中，主要体现在以下几个方面：

绿色奥运

1. 严格执行北京市奥组委环境活动部发布的《奥运工程环保指南》；

2. 建筑中水系统的利用；

3. 建筑节能，利用外墙外保温和中空玻璃幕墙使建筑物具有良好的保温隔热性能，达到北京市节能新标准的要求；

4. 园区太阳能路灯的应用；

5. 屋面采用电动百叶窗和电动开启窗，达到自然通风和采光，满足平时使用的要求和赛时使用的转换，为观众和比赛者提供良好的活动环境；

科技奥运

1. 悬挂吸声体的采用具有防火性能的织物面层，既满足吸声要求，又满足防火要求；

2. VRV空调系统与中央空调系统的综合应用，满足使用性能的多变性，利于今后的灵活经营管理；

3. 体育馆屋面采用集围护、保温、装饰、防水和降噪为一体的双曲面金属屋面，既保留了原有建筑的外貌和形象特征，又满足了屋面保温防潮隔声及雨水疏导的多种要求；

4. 垃圾分类收集，集中在首层在次入口附近设集中垃圾清运间，便于垃圾及时运走，保护环境。

31 奥体中心体育馆竞赛管理会议室

32 奥体中心体育馆柔光天窗

人文奥运

1. 在运行设计中充分考虑功能分区和各功能区使用者的交通流线，根据不同使用人员和使用性质，各类人群尽可能做到分层分区互不交叉，交通流程通顺便捷合理流畅，满足奥运会的运行设计要求，同时也便于赛后体育馆的经营管理和使用。

2. 通过改造满足奥组委对于无障碍设计的要求，增加无障碍坡道和无障碍厕卫设施设备，尽可能为残奥会的训练提供最好的条件。

3. 因为奥体中心内的各个建筑有着统一的整体形象，因此在外立面设计，选材，平台和坡道连接等方面都是统一考虑相互对应的关系，做到协调一致，有机联系，为使用者提供一个整理协调的大环境，在四环路边也形成一道美丽的风景线。

英东游泳馆 | Yingdong Natatorium of National Olympic Sports Center

项目名称：英东游泳馆

建设地点：北京奥林匹克体育中心东北部

设计单位：北京市建筑设计研究院

奥运会期间的用途：水球、现代五项（游泳）

残奥会期间的用途：游泳训练场馆

建筑面积：44635m^2

固定座位数：近6000个

临时座位数：无

建设开工时间：2006年5月10日

一、概况

英东游泳馆建成于1990年，位于奥体中心园区东北部，作为1990年亚运会比赛的游泳馆，其鲜明独特的中国建筑风格与形象已经深入人心，成为了北京市体育产业的标志性建筑之一，并与奥体中心体育馆、综合训练馆、体育场等共同构成完整的体育建筑组群。

英东游泳馆原有建筑面积39105m^2，观众座位5872个。自建成以来至今已逾15年，基本没有进行过大的维修。2008年奥运会期间，该馆将承担水球预赛、决赛及现代五项游泳决赛；残奥会时作为专业训练场地。

二、改建内容

（一）屋顶改造

我们拆除了原有金属屋面，铺设了集防护、防水、保温、吸声、隔噪、装饰为一体的全新金属屋面。从而大大提高了整体节能效果和室内舒适度。在改造中，考虑到游泳馆在大量时段内，是供训练和全民健身使用，其对于室内光环境和热工环境的要求与赛时要求不同。我们在屋脊处增设了两排用于自然采光和通风的电动开启天窗，并在室内设置遮阳帘布。在奥运比赛期间关闭遮阳帘布，可完全避免天光对比赛带来的不利影响。而在赛后，打开遮阳帘

1

1 英东游泳馆全景
2 改造前的英东游泳馆

2

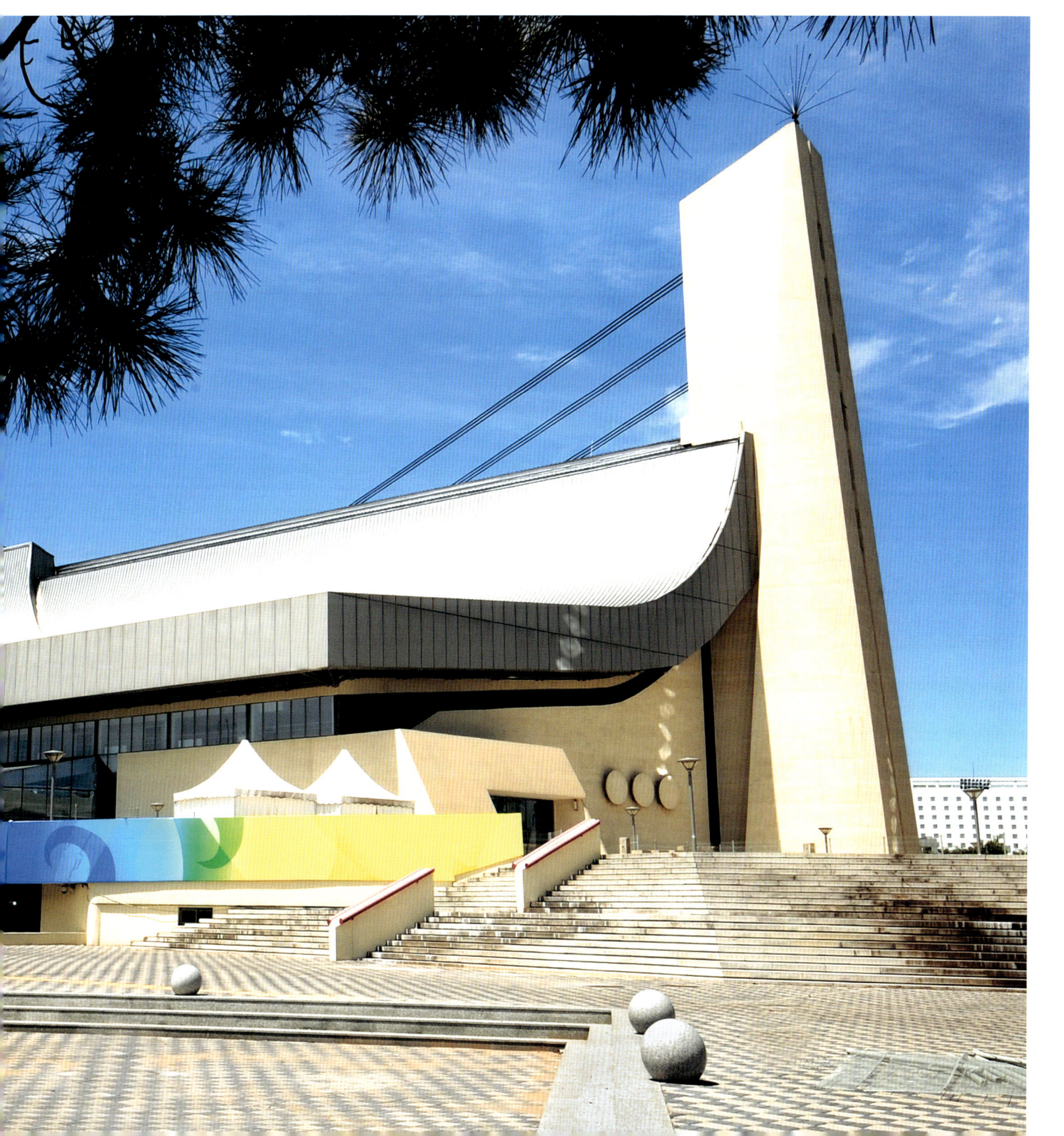

3

3 英东游泳馆外环境
4 英东游泳馆南立面图

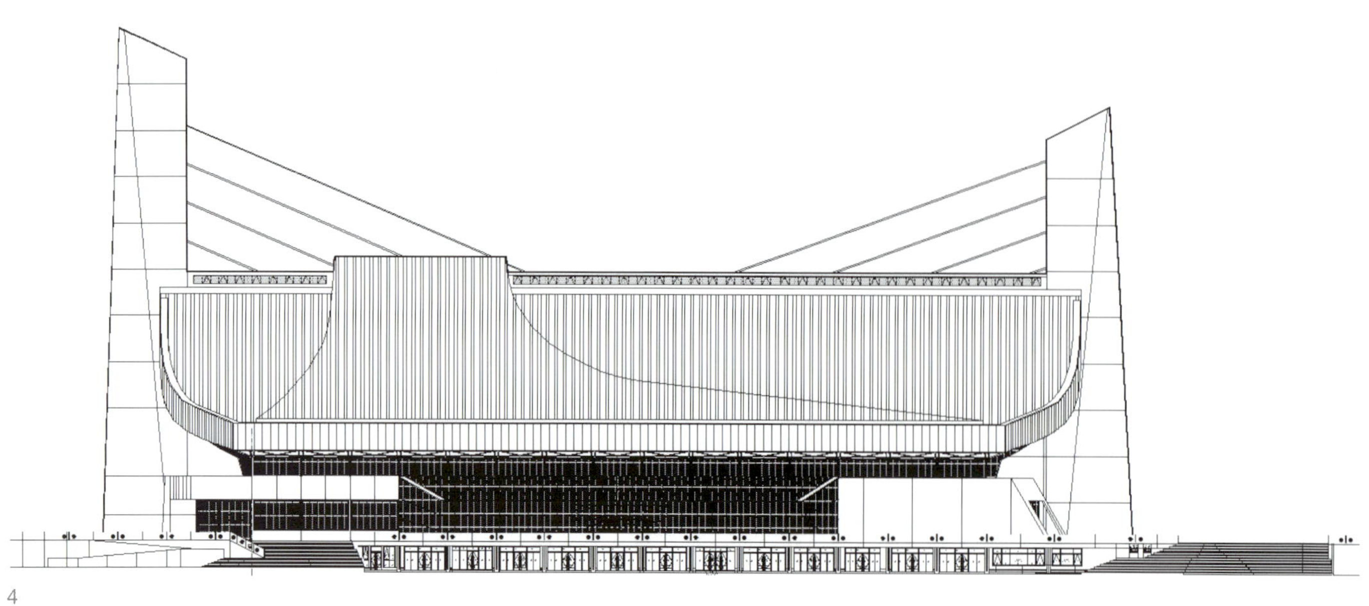

4

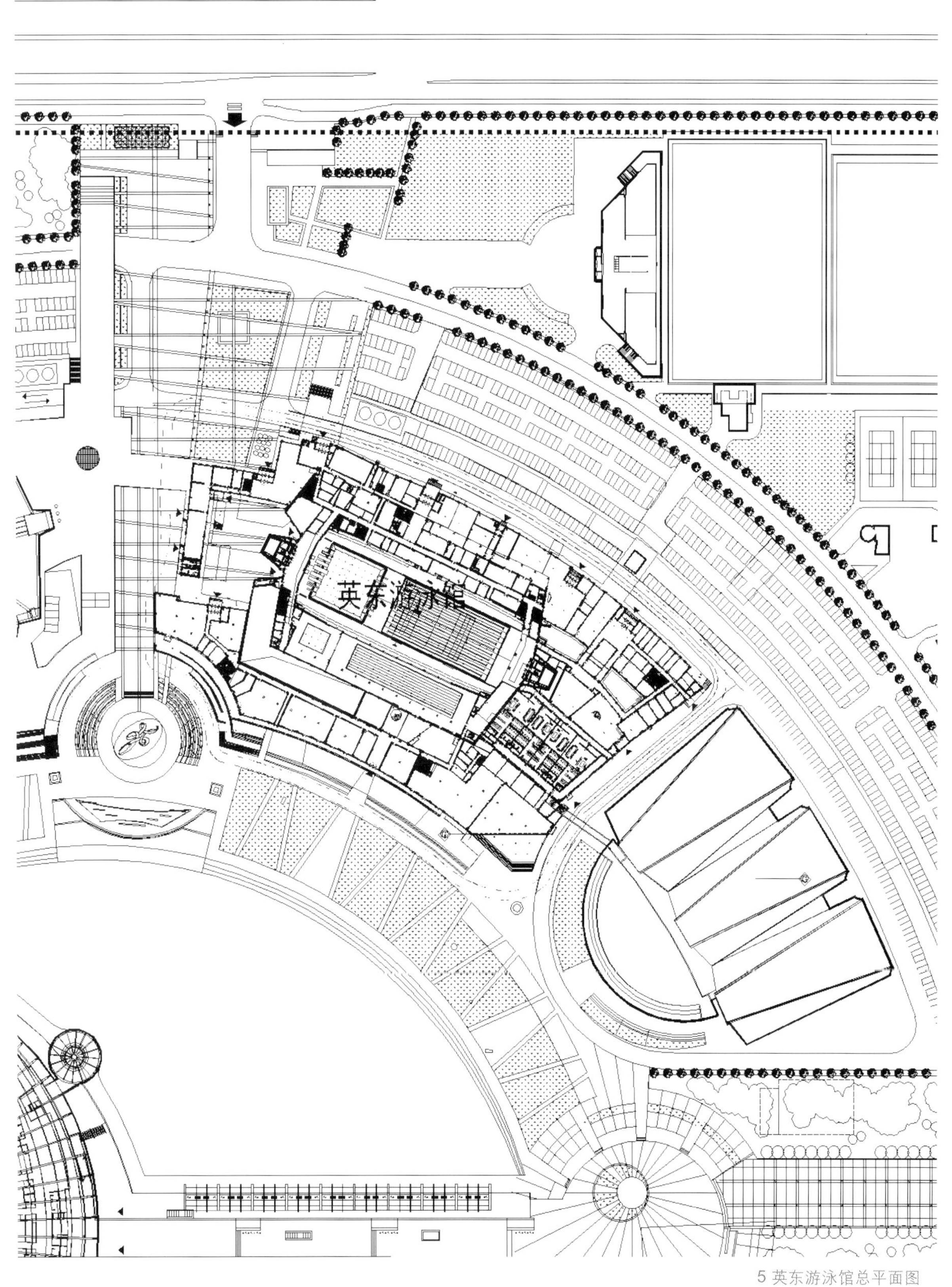

5 英东游泳馆总平面图

6

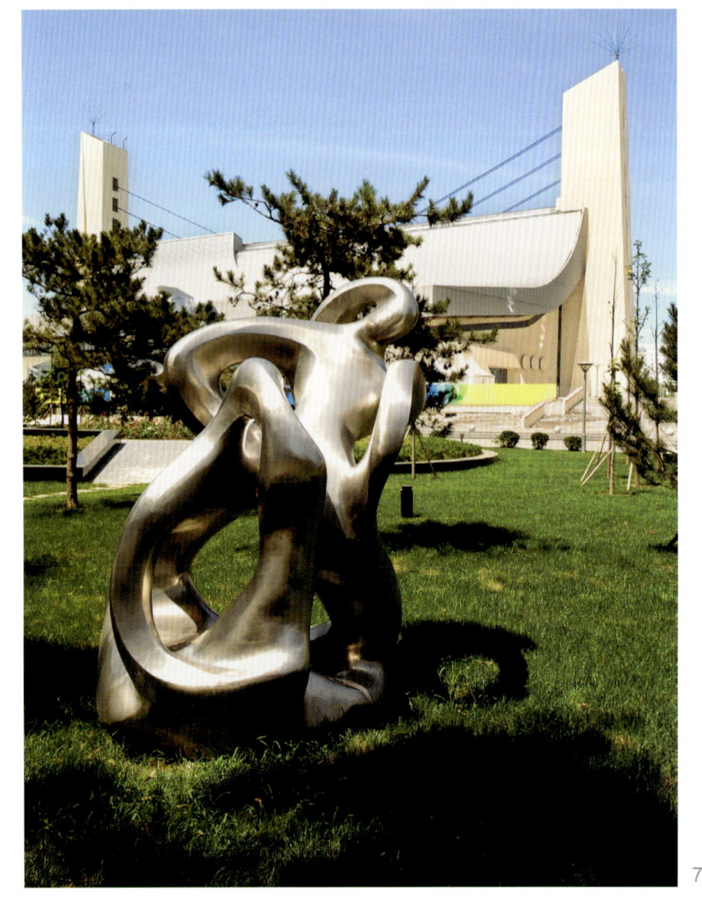

7

6 英东游泳馆透视全景
7 英东游泳馆外的小品
8 英东游泳馆东立面图

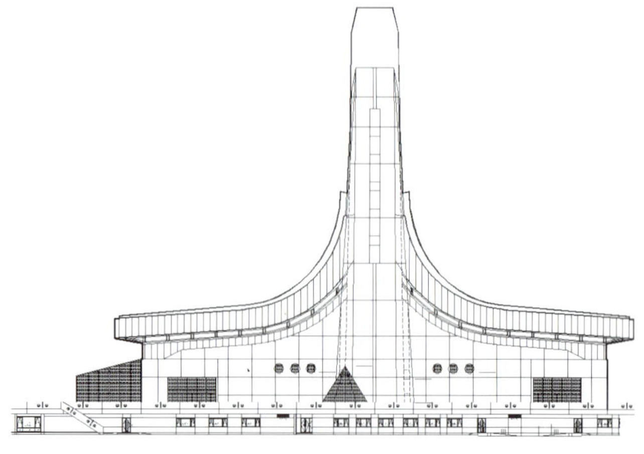

8

9

10

布，可最大幅度地引入天顶自然光，使比赛大厅睁开了眼睛，看到了天光，呼吸到了室外的空气，从而很好地改善白天场馆内昏暗沉闷的气氛，并大大减少人工照明的需要。

游泳馆水汽较多，最需要的就是通风和排风，在春、夏、秋三个季节，通过开启屋脊天窗，可将馆内污浊的热空气大量排出。

9 英东游泳馆外景
10 英东游泳馆入口台阶

（二）内外部改造

改造的目的是为节省建设成本（比新建），同时要满足奥运会赛事的全方位高标准要求。我们要在保留原有主体结构的基础上加入大量全新的内容。因此，虽然改造比新建减少了建设成本，但设计和施工难度却大大地增加了。

英东游泳馆的改扩建在外观上保留了原有建筑风格，同时进行翻新、改造和整体完善。如老屋面改造为高新技术的多层金属屋面，南立面增加了南玻璃大厅和幕墙，外立面

11

12

13

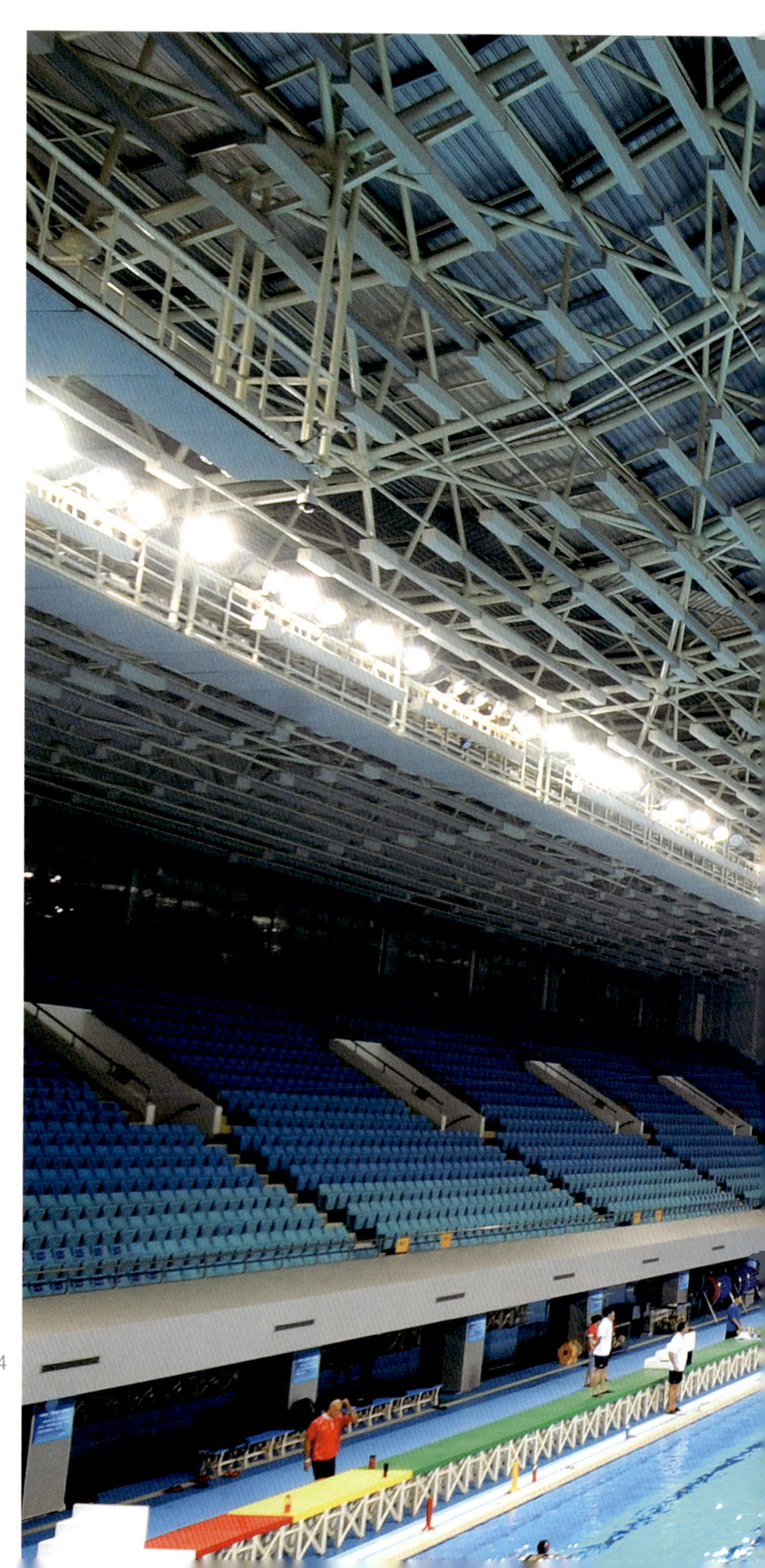

14

11 英东游泳馆内双曲线屋顶
12 英东游泳馆比赛区局部
13 英东游泳馆比赛区跳台
14 英东游泳馆跳台与屋顶

增加了外保温并重新喷涂，根据功能需要将原大平台架空部分变成了室内空间（这样既满足了使用要求又不影响建筑外观）等等，使得原有建筑形象更加完美和精致；内部进行了全面改扩建以满足奥运会要求。内部改建面积：37500m^2，扩建（新建）面积：5530m^2。

由于奥运赛时功能用房众多，设计中除必要墙体和房间外，其余用房均采用轻质隔断墙体进行分隔，赛后灵活拆除，小房间变成了大房间，为赛后开发、利用创造了极大的余地。比如更衣室部分：运动员更衣部分预留淋浴喷头位置，赛后四套更衣室简单拆除既可改造为两大套宽敞的更衣室、淋浴间。建筑无论从功能、布局到采暖、空调、给排水、水处理、声、光、电等各方面做了全面的改造，使得亚运会时建设的英东游泳馆得到了全方位的提升，完全达到了奥运会这一最高规格的体育赛事的使用要求。

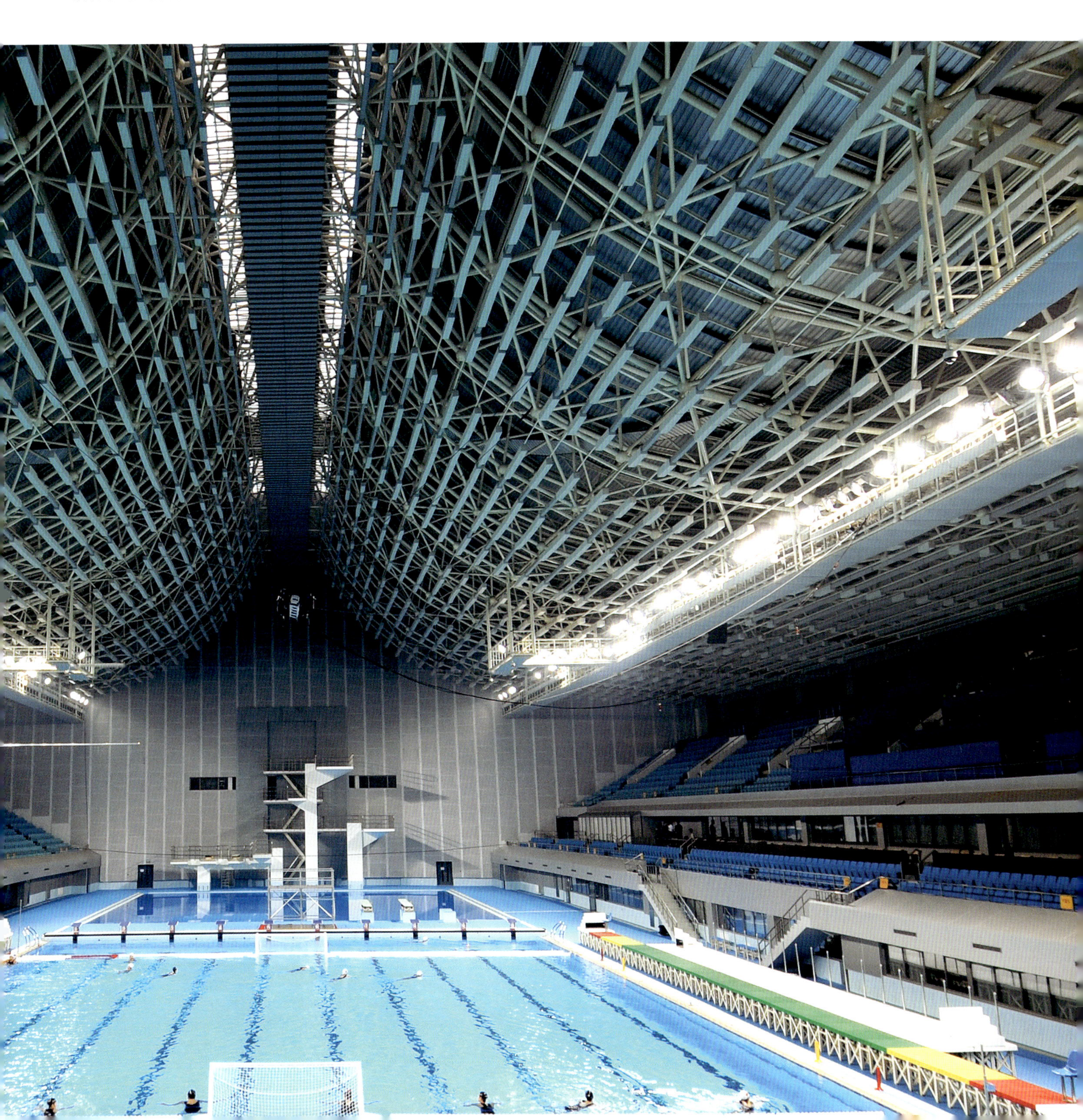

15 英东游泳馆比赛区跳台细部之一

（三）泳池改造

游泳馆泳池的改造是本次改造工程的重点和难点之一，现有水池经过十几年的使用，老化、漏水严重，已经完全不能满足现在游泳比赛的要求。但是如果打掉重建，不仅会对建筑整体结构产生不利影响，而且拆除、加固工程非常复杂，造价很高，工期时间长，代价太大。经过多方案比选和课题论证，最终确定现在的改造方案：选用了国际上先进的泳池专用膜材进行铺设，很好地解决了存在的问题。此方案优点：

（1）不需要破坏原有池体结构，只更换原有面层做法，对结构破坏性最小；

（2）能够满足奥运比赛对池体尺寸的精确要求；

（3）一次铺设完成，同时解决防水、装饰、使用的要求，施工方便、快捷；

（4）是国际上较成熟的泳池池壁做法，在池体改造上优势明显，可很好地解决池体防水问题。

（四）防结露改造

气流组织上，将第一排看台改造为水平风幕系统，阻止下部暖湿气流上升；改造溢水槽，将回风沟与建筑溢水槽结合，使回风气流抑止部分水面湿气流上升；从而起到除湿和防结露作用。

细心设计金属屋面的构造做法，提高金属屋面板的保温性能（如上述），降低屋面系统的传热系数，最大程度内减少结露的可能行。

天窗采用带保温夹层的阳光板，同时天窗构造设计上设置引流槽。

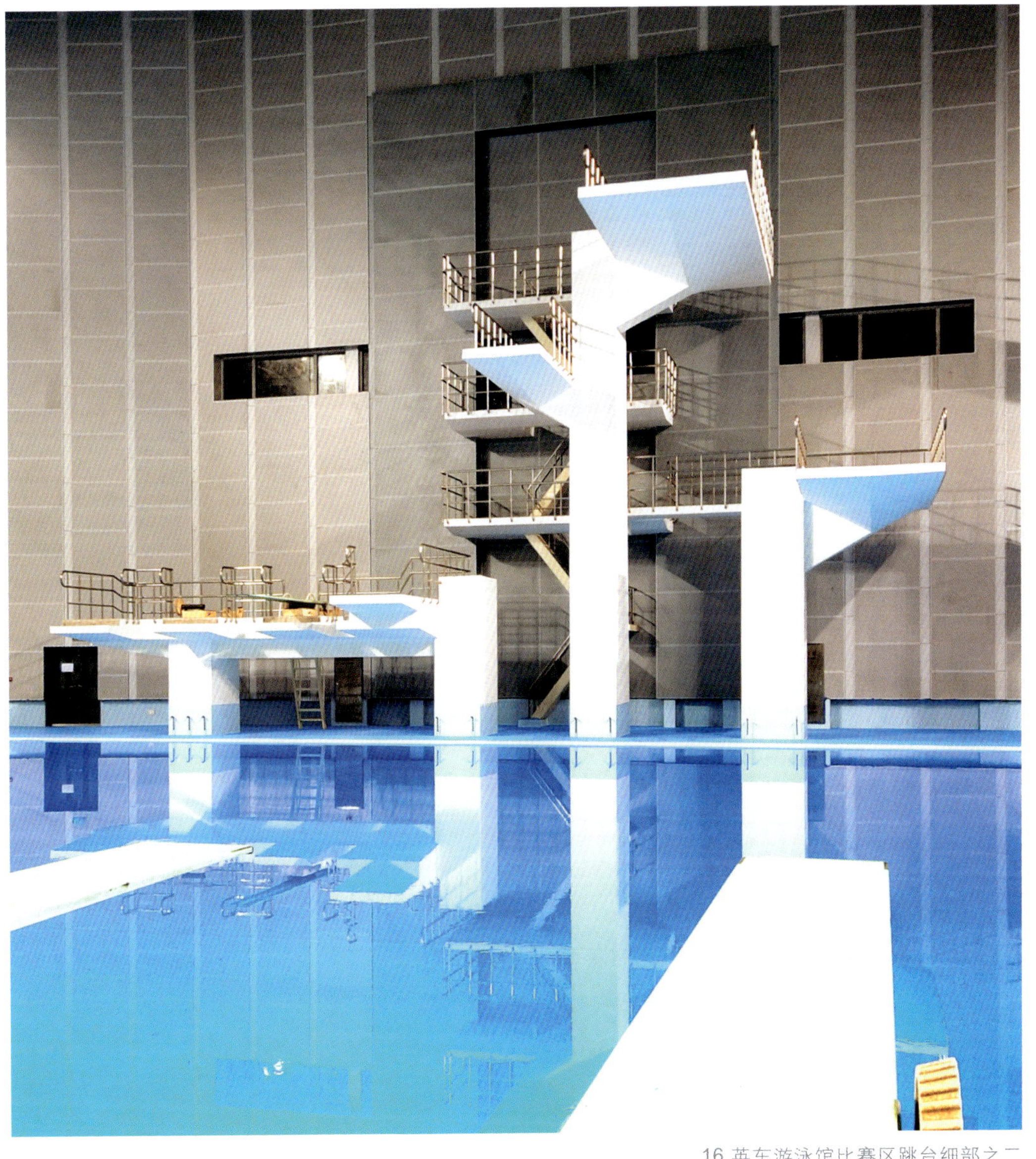

16 英东游泳馆比赛区跳台细部之二

17 英东游泳馆室内全景

（五）空调系统

原有的游泳比赛大厅只设置了一套空气调节系统，看台区和比赛池区一个温度，因此观看比赛时观众会感觉很热，或者观众舒适了运动员又感觉冷。同时由于比赛厅空间巨大，空气调节的能耗较大。

改造后，设置了两套空气调节系统：一套服务观众看台，一套服务比赛池区，这样观众和运动员可以保持各自舒适的温度，充分体现了人性化的设计；同时在赛后全民游泳健身时，可以不开看台区的空气调节系统，只开池区送风系统，既满足了游泳人群舒适的温度，又大大降低了整体的能耗。

（六）吸声与隔声

1.室内吸声设计

1）游泳馆以80%的观众为满座，以此作为设计计算和验收的依据。比赛按等级和每座容积规定的满场500～1000Hz，混响时间为2.5s。

各频率混响时间相对于500～1000Hz混响时间的比值，符合下表：

频率(Hz)	125	250	2000	4000
比值	1.0~1.2	1.0~1.1	0.9~1.0	0.8~0.9

2)比赛大厅，顶棚金属屋面网架下悬挂吸声体。四周墙面挂贴穿孔金属吸声板，内填充吸声材料。

3)空调机房等可能出现噪声影响的设备用房，墙面顶棚均做吸声、隔声处理。

2.噪声控制

游泳馆内的主要噪声源是空调系统和池水的循环噪声，因此设备均采取消声处理，同时控制气流速度。空调、制冷设备均采取隔振措施，最大限度地降低了因设备振动而产生的噪声。

将原来的两边溢水槽改为四边，用来增加水循环的均匀度，同时选用先进的水循环系统，最大程度降低水循环产生的噪声。

3.金属屋面的隔声处理

金属屋面系统内设置容重较大的玻璃棉，以达到隔声要求；减少雨水等对室内的噪声干扰；聚碳酸酯采光天窗做了隔绝噪声处理。

4.精彩的视听系统

在比赛大厅设置一块大型彩色显示屏，在满足观众观看现场比赛的同时，还可以为观众提供更加清晰的比赛场景和精彩镜头回放，让观众充分享受高科技所带来的视觉上的愉悦。

通过整体的系统改造，英东游泳馆建成后，进行了专业的室内混响时间现场测试，测试结果达到2.5s，完全达到了游泳比赛馆的声学要求。配合上优秀的音响设计，为来观看奥运比赛的观众创造了一个理想的视听享受的比赛环境。

（七）设备特点

1．泳池大厅

池厅冬季采用热风采暖和地板辐射采暖相结合的方式。

本馆地板辐射采暖热源由设置在地下室的板式换热器提供50℃的热水，供回水温差为10℃，工作压力为0.4MPa，并设置温度调节装置。

改造设计中，将原有观众席第一排座椅改为池区送风管道，池区送风方式为水平送风，风口采用防结露自动线型风口，夏季斜上20°送风，冬季斜下5°送风，风口布置在运动员活动区域上空。而池厅的回风采用地面回风，以便及时把池区潮湿空气带走。回风沟配合建筑溢水槽设置，为避免将池区地面水带回机组，回风沟设在建筑溢水槽外侧，回风沟内设置排水地漏。

由于池水有消毒化学物质散发，空气含湿量高及人体发出的气味等原因，泳池采用不循环的全新风系统。排风经新风换气机换热后，排至室外。

18 英东游泳馆比赛泳池全景
19 英东游泳馆赛区一角

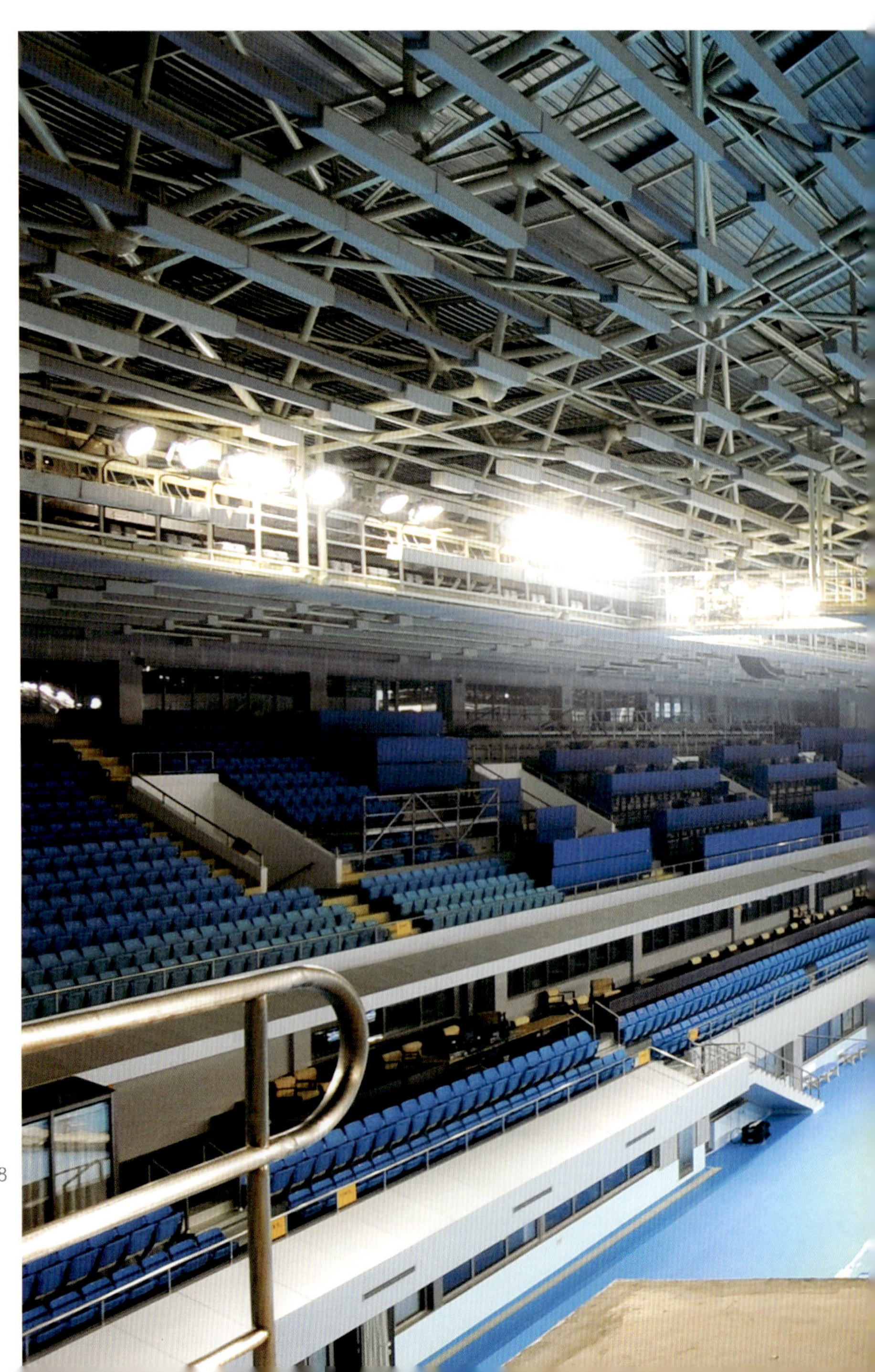

18

2. 观众席

在举行比赛时，由于观众席人数多，密度大，新风需求量大。若其空气参数与池厅相同，对于观众就很不舒服；同时，观众席与池厅温差又不能太大，以防止观众席温度自然上升到池区温度。因此，在观众席采用侧送下回的送回风方式。观众区送风总管设在原有四层上空土建风道内，风口采用自动风向可变型圆型喷流风口，夏季水平送风，冬季斜下15°送风。回风为椅下回风，在座位下均布回风口，使观众席成为一个相对独立的供暖区域。通过大风量、小温差，使得观众席温度达到较为舒适的要求。

19

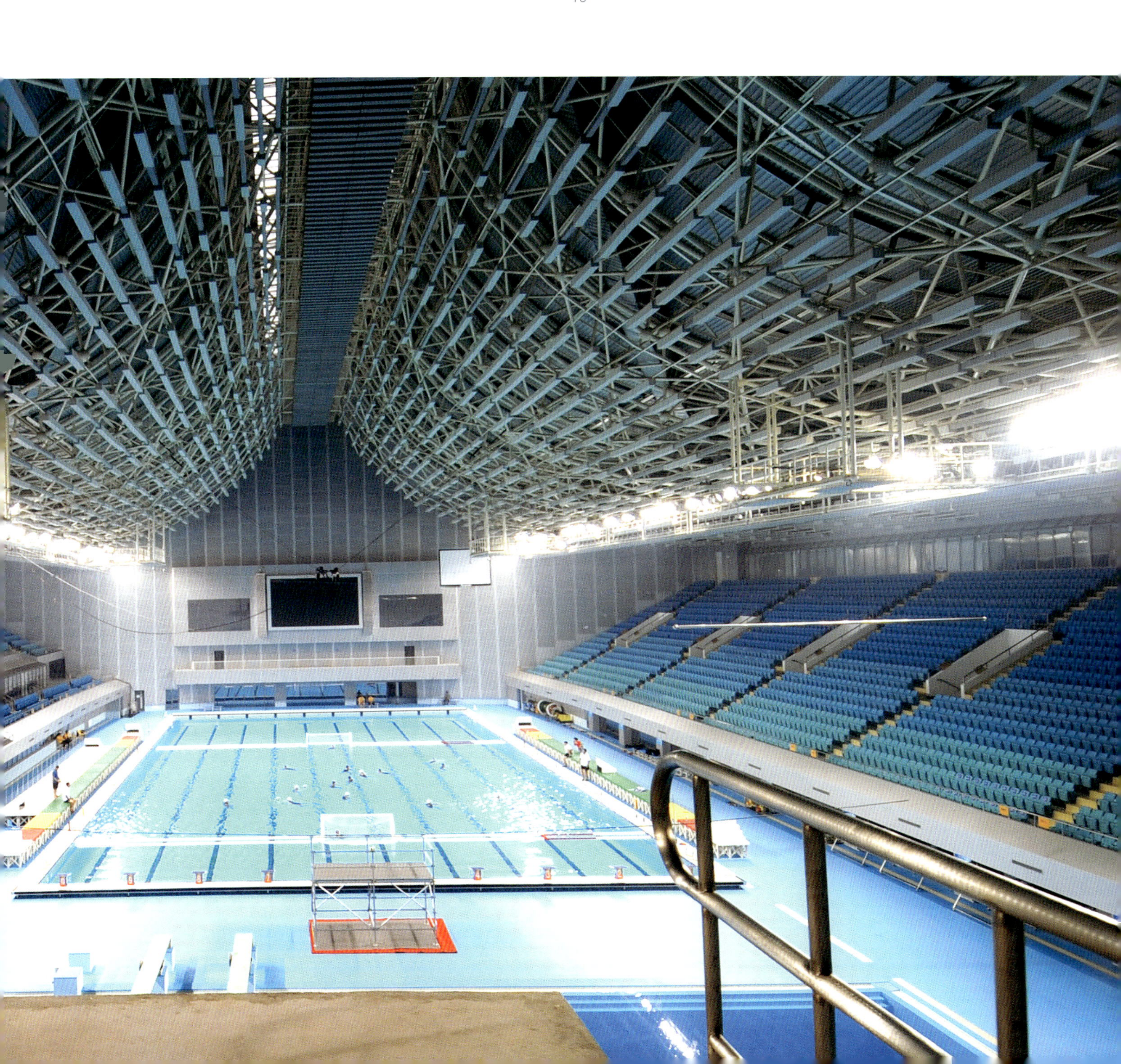

北京工人体育场 | Beijing Workers' Stadium

项目名称：北京工人体育场

建设地点：北京市朝阳门外工体北路

设计单位：北京市建筑设计研究院

奥运会期间的用途：足球比赛

残奥会期间的用途：无

建筑面积：44800m^2（改造面积）

固定座位数：60000个

临时座位数：400个

建设开工时间：2005年

1

2

1 北京工人体育场全景
2 改造前的北京工人体育场

3

一、概况

北京工人体育场始建于1959年，是新中国建国十周年北京十大建筑之一。工人体育场占地面积35万m^2，建筑面积8万m^2。整个体育场为椭圆形混凝土框架混合结构，南北长282m，东西宽208m，有24个看台。在经过局部改造后，承办了第11届亚洲运动会开、闭幕式及足球比赛，第21届世界大学生运动会，第9届亚洲杯足球赛等大型体育赛事。多年来，它相当于中国国家级体育场，在新中国体育史上占据特殊地位，凝结着几代人的历史记忆。

二、改扩建内容

北京工人体育场改建后将成为一座可容纳观众座席60000个规模的奥运会足球比赛场，总建筑面积80000m^2，场内设施完全满足奥运会足球比赛技术标准要求。

（一）土建部分

1.北京工人体育场已经使用了近50年，其椭圆形混凝土框架混合结构已经不能满足奥运会比赛的需要。它的每根柱子承受的重量均不同程度超载，加固结构是此次改造的重中之重，因此，土建的第一部分就是结构加固工程。本工程堪称国内结构加固最复杂工程之一：主体建筑接近使用寿命极限，加固规模大，范围广；加固手段多，技术复杂，施工难度大。采用碳纤维加固技术，消能器减震技术，粘钢包钢技术，加大截面技术，体外预应力技术等，充分体现科技奥运理念，堪称结构加固的百科全书。

2.根据奥运会比赛要求，对奥运区（西区）用房按奥运要求进行调整改造，满足奥运会各类使用人群的使用要求。

3.外墙进行翻修更新，增设内保温，更换外窗为节能双层中空保温窗。室内装修更新，大部分卫生间设备更新；采用节水洁具、节能灯具，降低建筑能耗，贯彻绿色奥运理念。

4.对观众看台大小罩棚进行防水改造，增加配重。对看台进行了防水处理，对变形缝、护栏进行了改造。更换部分

3 北京工人体育场立面细部
4 改造前的北京工人体育场俯瞰
5 北京工人体育场外入口

5

4

1. 贵宾区
2. 运动员区
3. 保安区
4. 媒体区
5. 场馆运营区
6. 观众服务区

6 北京工人体育场首层平面图

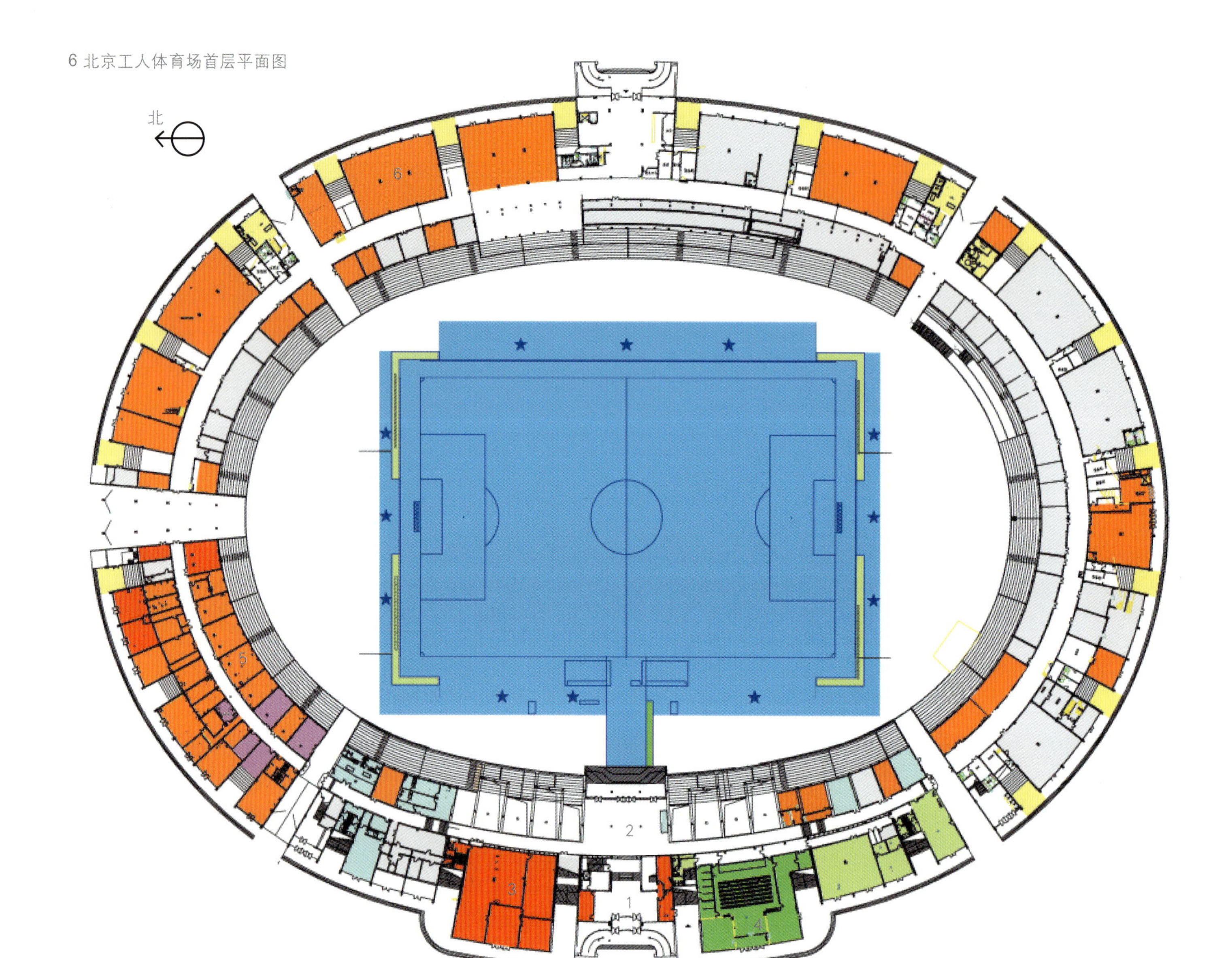

7 北京工人体育场西立面图

座椅。

5.增设照明灯架，改善赛场照明条件，以达到FIFA和BOB电视转播要求。

6.拆除了位于工人体育场西测的亚运会主火炬台，增设了一台120m^{2}的可以在高空中进行180°旋转的超大显示屏。赛时面向工人体育场内，让6万多观众清晰地看见比赛画面；平时这个大屏幕可以掉头面向工体北路，播放各种广告。

7.非奥运区（东区）用房在结构加固后机电系统恢复改造，重新装修。

8.在保留大运会已进行改造的残障设施的同时，还增设了残疾人卫生间、无障碍电梯等无障碍设施。在南侧看台处，加设两排残疾人座席，该座席区可以直通无障碍电梯。

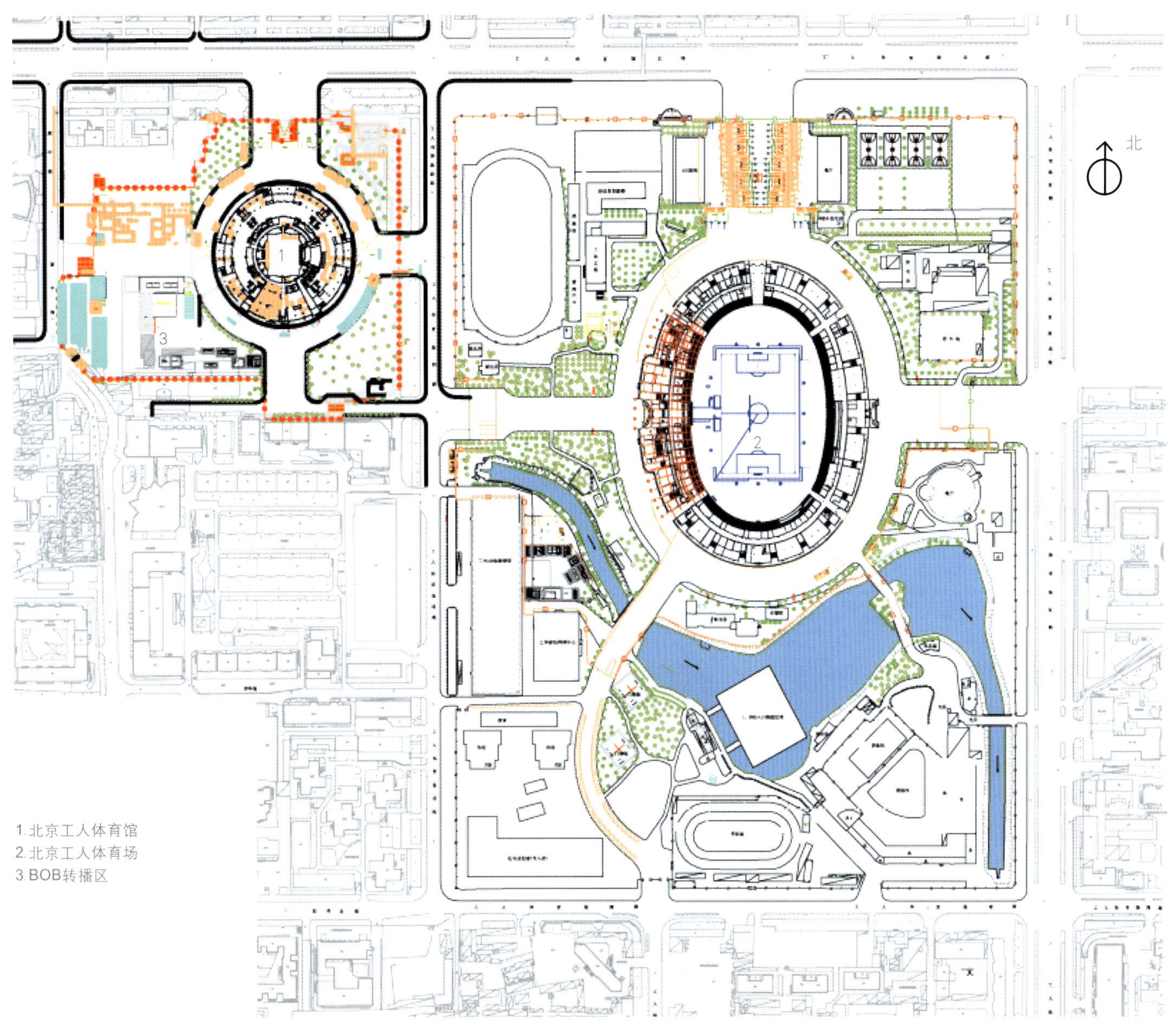

8 北京工人体育场总平面图

9 改造中的北京工人体育场

10 奥运会比赛期间的北京工人体育场广场

11 北京工人体育场广场前雕塑

12 北京工人体育场主入口

13 北京工人体育场观众席局部
14 北京工人体育场旋转显示屏
15 北京工人体育场全景
16 北京工人体育场观众席与电子记分牌

13

14

15

2008

Beijing 2008

（二）机电部分

1.为保证2008年奥运会比赛要求，对场内给排水系统进行全面改建。即对场内原有的给水系统、热水系统、排水系统、雨水系统、消火栓系统、自动喷淋系统及室外给排水系统进行部分更新设备和管线，增设化粪池、消防水池等。

2.无影照明。作为奥运会的足球比赛场，灯光照明至关重要，但是现有的照明系统未达到奥运会高清晰信号转播的需要。原有的工人体育场罩棚位置比较低，灯的角度比较平，照度分配不合理。为了达到没有眩光的无影照明和完美的电视转播效果，在改建时增设了照明灯架，并通过风洞试验以满足国际足联奥运会比赛的照明要求，同时，按照要求，照明设备与水平面间的角度不能小于15°，为此，对灯架进行了“增高”，由原有的24m升高到现在的接近43m。改造后，水平照明达到2000lx，垂直照明为1800lx，310盏灯泡让比赛完全达到高清传播的需要。此外，灯架还为赛后举行演唱会预留了照明设备的位置，分层次的照明系统还专设有为运动员热身的照明。从外观上看，由于灯架的增高让工人体育场整个外观发生了改变，体育建筑的特点更加突出。

3.对场内空调系统、部分采暖系统的设备和管线进行重新设计和更换。

4.改造供配电系统，对原有变电站增容改造，原有配电线路和设施绝大多数进行更换。对弱电系统重新改造，增设体育竞赛综合信息管理系统、电子多媒体查询及公告牌系统、安全防范系统（包括入侵报警系统、电视监控系统、门禁安检系统和电子巡查系统），更新计时计分和电子显示屏系统，增加现场成绩处理系统，增设自动报警与消防联动控制系统，增设通信系统，综合布线系统，扩声系统，背景广播系统，新闻服务系统，电子检索系统，比赛场地照明系统改造等。充分体现科技奥运理念。

北京工人体育场改建工程大量采用现代成熟技术，采用绿色环保材料，节能设备，大大提高了使用安全度、舒适度、便捷度和运营性价比。体现了科技奥运、人文奥运、绿色奥运理念，重塑了工体的辉煌。

17

18

17 北京工人体育场看台局部与显示屏
18 北京工人体育场通往看台入口

19 北京工人体育场外立面局部

20 北京工人体育场看台走廊

21 从显示屏平台眺望比赛场地

22 北京工人体育场跑道

23 北京工人体育场主看台

24 北京工人体育场赛场全景

北京工人体育馆 | Beijing Workers' Gymnasium

项目名称：北京工人体育馆
建设地点：北京朝阳门外工体北路
设计单位：北京市建筑设计研究院
奥运会期间的用途：拳击
残奥会期间的用途：盲人柔道

建筑面积：40200m²
固定座位数：12000个
临时座位数：1000个
建设开工时间：2005年12月23日

1

一、概况

北京工人体育馆建于1961年，当时是为举办第26届世乒赛而兴建。它是北京工人体育场建筑群—北京工人体育场、北京工人体育馆和游泳场的重要组成部分。

该工程建筑平面为圆形，钢筋混凝土框架结构，地下一层，看台部分地上四层，建筑面积40200m²。屋盖为轮辐式双层悬索结构，基础采用独立柱基和预制桩基础。该工程采用的双层悬索结构是我国首次采用悬索结构建设大跨度建筑物。

二、改扩建内容

根据北京市政府和奥林匹克组委会拟订的计划安排，改造后的工人体育馆将作为2008年北京奥运会拳击比赛馆及残奥会盲人柔道比赛馆。结合工人体育馆的现状和国际奥林匹克委员会（IOC）、国际业余拳击联合会（AIBA）以及北京奥运会组委会（BOCOG）的要求，改造范围如下：

（一）场地环境及总平面布局改造

从现代的场馆运营理念来看，单一的场馆向多功能立体化的转变已成为趋势，因此对工人体育馆的总平面进行调整改造，把工人体育馆安保控制线内的馆外场地区分为前院区和后院区。体育馆北侧为观众前院区；南部为后院区，设BOB转播区、贵宾停车区、运动员及随队官员车辆停放区、餐饮综合区、清废综合区、物流综合区、注册中心、安检点等；增设西门，开西门通道，拆除原冷冻机房并在原消防水池西侧及北侧新建能源中心，在西门路北侧拆迁地设贵宾停车、应急车停车、临时消防站、消防指挥室、车辆调度室及司机

1 北京工人体育馆全景
2 改造前的北京工人体育馆

2

3

休息室等用房。利用开西门契机拆除城中村，改善周边环境，体现绿色奥运理念。

根据实际需求，拆除原冷冻机房并在体育馆西南侧新建了一座能源中心。把原来体育馆地下一层的机电设备全部转移到能源中心，在能源中心与体育馆之间设置现浇混凝土设备及电气管廊。这样一方面避免设备用房对主体建筑造成的震动损伤和噪声干扰，同时方便对机电设备的集中管理；另一方面通过对1000m^2规模的地下室的改造，把原先无法使用的空间利用起来，大大提高了空间使用率，为奥运会赛后运营团队创造了良好的工作环境。

3 北京工人体育馆外立面局部
4 北京工人体育馆主入口
5 北京工人体育馆首层平面图
6 北京工人体育馆座椅层平面图
7 北京工人体育馆立面图
8 北京工人体育馆剖面图

4

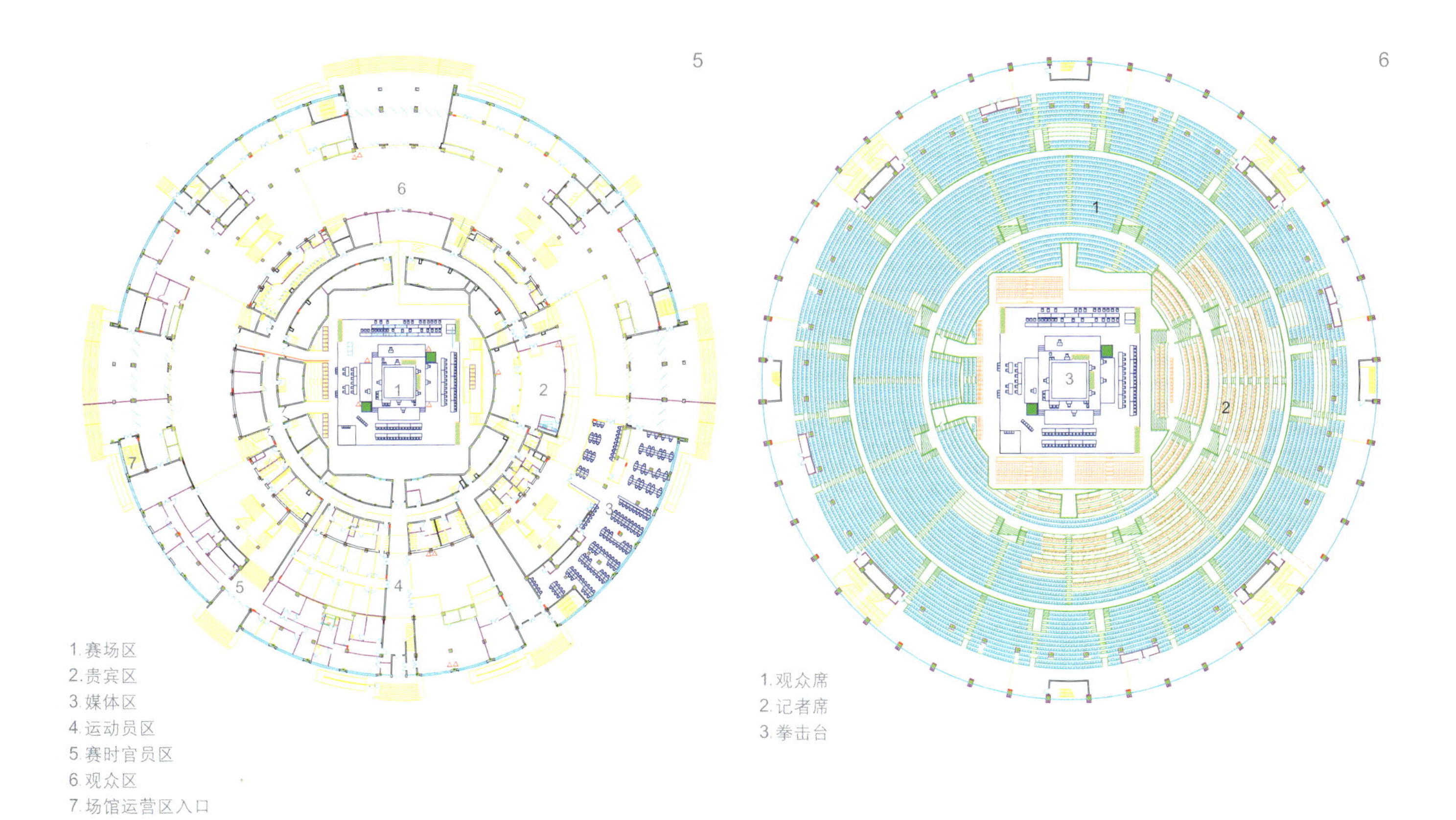

5

1. 赛场区
2. 贵宾区
3. 媒体区
4. 运动员区
5. 赛时官员区
6. 观众区
7. 场馆运营区入口

6

1. 观众席
2. 记者席
3. 拳击台

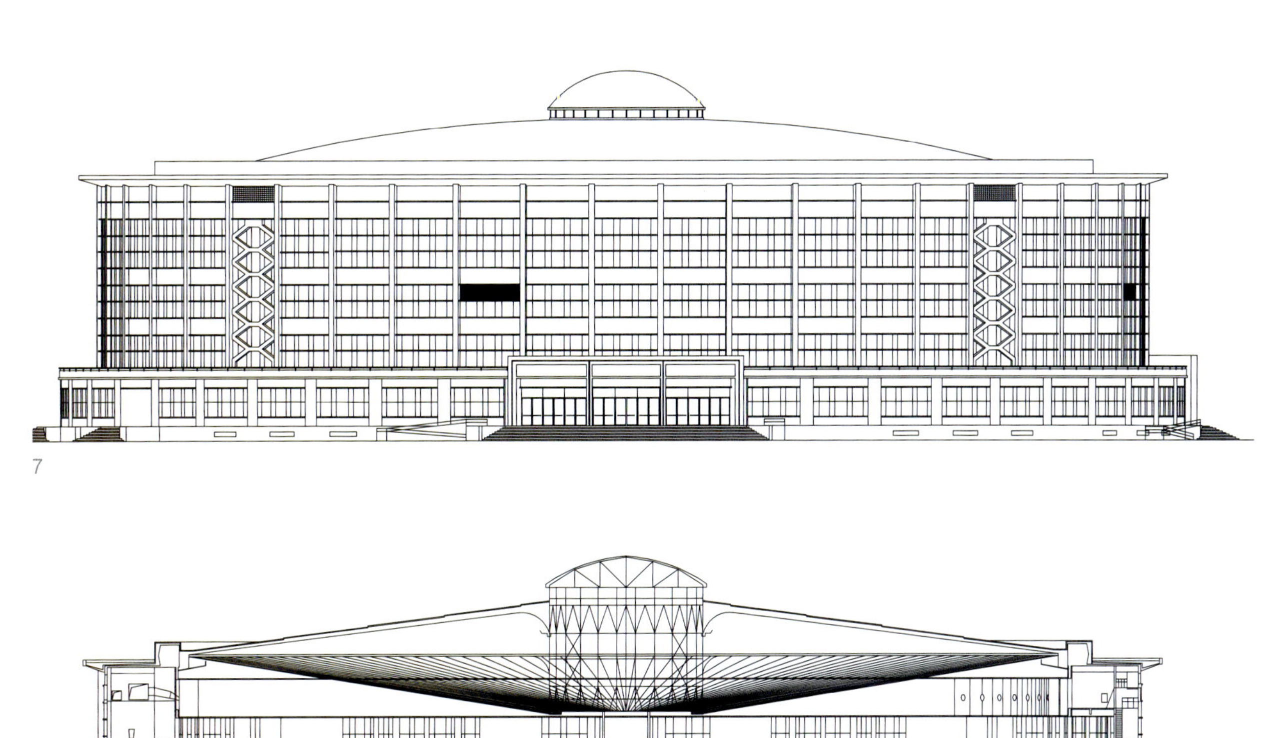

7

8

9 北京工人体育馆外环境

（二）建筑主体具体改造

1.功能用房改造

原工人体育馆有1000m^{2}地下室，除机电用房外大量空间因不具备使用条件而闲置。本次改造在体育馆西南侧单建了能源中心，对地上用房按奥运要求进行了调整改造，从而满足奥运会各类使用人群的要求。

10 北京工人体育馆周围建筑群

11 改造前北京工人体育馆入口
12 改造后北京工人体育馆入口

11

12

2.座席改造

观众厅座席全部更换，增设贵宾席位，把部分观众席位改为评论员席、文字媒体席。

13 北京工人体育馆观众席局部
14 北京工人体育馆记者席局部
15 北京工人体育馆赛场内安全出口
16 北京工人体育馆座席细部
17 改造后的北京工人体育馆内部赛场全景
18 改造中的北京工人体育馆内部赛场全景

13

14

15

16

17

18

3.结构加固

结构加固和功能改造是内部改造的重头戏。按照奥运场所抗震的要求，针对原建筑强梁弱柱的特点，此次改造主要加大了柱截面；为了满足体育赛事活动中吊挂转播器材、灯具的需要，改造时增加了梁板承载力。

为贯彻科技奥运理念，与工人体育场大量采用碳纤维和消能器的方法不同，工人体育馆改造中大胆采用了钢绞线结构加固新技术，增加结构的承载力。此加固技术的创新处主要体现在不占建筑空间，强度高，耐久性好，耐高温，施工方便，无污染，在国内是首次大规模应用。

19

20

21

22

19 改造前的北京工人体育馆内部大厅局部
20 改造后的北京工人体育馆内部大厅局部
21 改造前的北京工人体育馆内部楼梯
22 改造后的北京工人体育馆内部楼梯
23 北京工人体育馆室内大厅
24 北京工人体育馆大厅顶棚
25 北京工人体育馆大厅服务区

4.屋顶翻修

修缮维护，修补屋面板，重新刷漆。按声学要求，上下索之间、比赛大厅顶棚吸声板全部更换，墙面作吸声处理。

5.建筑外观翻新

在结构加固后，增设外墙外保温，恢复乳白色弹性涂料墙面原貌，延续历史文脉。

另外，工人体育馆在保证改造后外立面颜色不变的前提下，更换了外立面的窗户。原来的窗户已经不能满足现代节

23

24

25

能环保的要求，此次改建全部更换为绿色环保的铝合金双层中空玻璃窗户，既保温又隔声。四层休息廊顶部外窗设计成电动排烟窗，遇到火灾时，能够自动打开。

6.无障碍设施

体育馆东门、南门、北门增设永久性无障碍坡道。馆内设临时坡道，首层观众及贵宾卫生间设残疾人厕位。残疾人座席设于首层场内西侧。体现人文奥运理念。

7.机电改造

运用各种现代化技术手段，充分贯彻科技奥运理念。全面更新供暖系统、空调通风系统、空调冷冻水与冷却水系统、生活给水系统、生活热水供水系统、污水排水系统、消火栓给水系统、自动喷洒灭火系统、消防排烟系统；全面更新变配电系统、低压动力配电系统、照明与应急照明系统、火灾报警与联动系统、建筑物防雷系统与接地安全系统；增设综合管路、综合布线系统、有线电视系统、安全防范系统、楼宇自控系统、扩声系统、计时计分系统。

馆内增设与通风系统相连接的射流风口，使体育馆设计更加人性化，安全性更高，舒服性更强。体育馆内屋顶照明灯也由筒灯改为吊灯。在灯光的照耀下，改造后的体育馆更加金碧辉煌，富有层次感，有良好的视觉效果和现代感。比赛大厅的照明改造则完全满足电视转播需要。

8.残奥会设施

在残奥会设施方面，与工人体育场不同，工人体育馆从建造的最开始就没有任何的无障碍设施，按照残奥会的要求，结合工人体育馆的现状，本次改建时在体育馆东门、南门、北门增设永久性残疾人坡道，馆内增设临时坡道和轮椅提升机，在首层观众及贵宾卫生间设置残疾人厕位。残疾人座席设于首层场内西侧。同时，因奥运会与残奥会之间相隔的时间仅有十几天，必须充分考虑转化期短的因素，在设计的时候为残奥会的改造使用预留了条件，能一次实现的就一步到位，不能一次实现的也创造了快速布置的条件，所以，残奥会期间临时的围板、临时设施都能很快搭建成功，很容易达到在奥运会结束后的转换期内完成各临时设施的转换，以崭新的姿态迎接残奥会的到来。

工人体育馆改建工程大量采用现代成熟技术，采用绿色环保材料、节能设备，大大提高了使用安全度、舒适度、便捷度和运营性价比。体现了对各类使用人群的关怀，同时，又延续了其历史文脉，为北京保留了一处精彩的舞台。

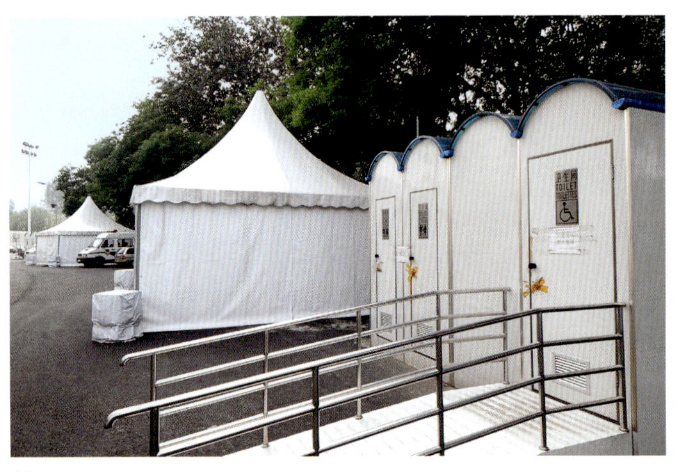

26

26 北京工人体育馆室外服务设施
27 北京工人体育馆外环境之一
28 北京工人体育馆外环境之二
29 北京工人体育馆无障碍坡道

27

28

29

首都体育馆 | Capital Indoor Stadium

项目名称：首都体育馆
建设地点：北京市海淀区白石桥
设计单位：北京市建筑设计研究院
奥运会期间的用途：排球
残奥会期间的用途：无
建筑面积：54707m^2
固定座位数：18000个
临时座位数：无
建设开工时间：2006年5月18日

一、概况

首都体育馆位于北京西直门外大街，始建于1966年6月，为当时国内最大、最先进的体育场馆。体育馆占地7.3hm^2，改造总建筑面积约5.3万m^2，南北宽107m，东西长122m，高28m，屋顶结构为平板型，双向空间钢结构，跨度99m，可容纳17360席。体育馆设有比赛大厅一个，练习馆三个，观众休息厅六个，18个观众出入口。比赛大厅的比赛场长88m，宽40m。可进行乒乓球、羽毛球、排球、篮球、体操等多样比赛；比赛场内的地板可以移动撤走，放水结冰后，可进行短道速滑、冰球、花样滑冰等冰上体育项目比赛，是一座名副其实的"综合性体育馆"。2008年北京奥运会男女排球比赛的决赛将在这里举行。

作为北京市20世纪60年代的建筑，历经40余年的使用，建筑以及各种设施都已陈旧。在申奥时已经对场馆座椅、屋顶、彩色大屏幕进行了改造。申办时国际奥委会考察团，在考察首都体育馆后，认为该馆从规模上能够满足奥运会需要，但是承担奥运排球比赛项目还需要进行改造和完善，以满足现行各项规范及奥运会对建筑的具体要求。

二、改扩建内容

此次改造是一次名副其实的低成本改造，在改造之初就确定了节约资金，赛事中及赛后利用相结合的原则。在充分利用现有结构、功能布局及利用一切可利用现有资源的基础上，对现状进行补充和完善，使其在改造后能够满足奥运会及赛后运营的需要。

首都体育馆改造设计首先应满足大型综合性运动会对体育建筑的各项高科技应用的需求，并充分满足体育赛事的各种信息、服务、管理、比赛规则、规程的要求，同时也能适应日常各种社会活动、商业经营等需求，即未来发展对新

1

1 首都体育馆南侧全景
2 改造前的首都体育馆

2

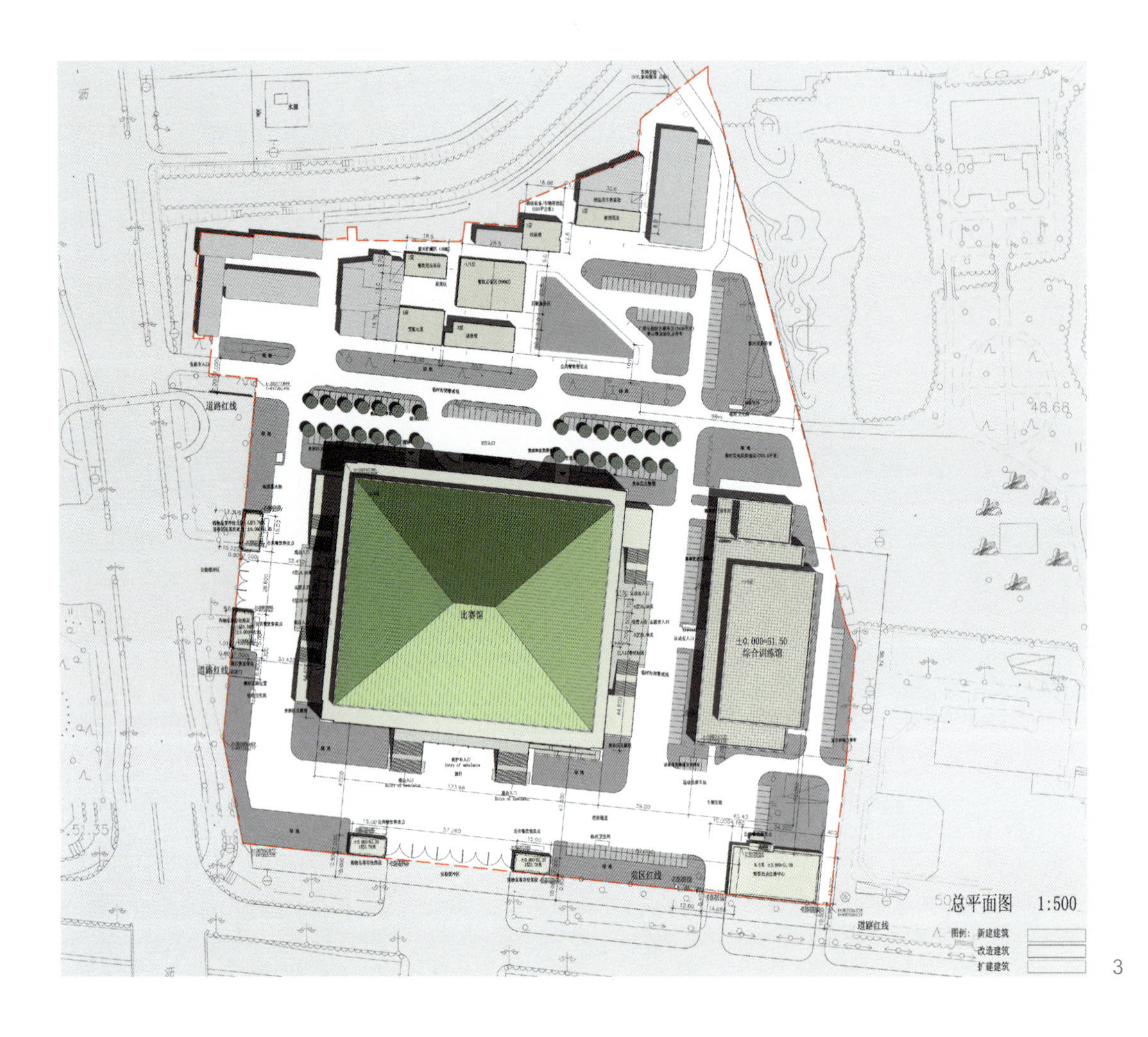
总平面图 1:500
比赛馆
±0.000=51.50
综合训练馆
道路红线
图例：新建建筑
改造建筑
扩建建筑

3

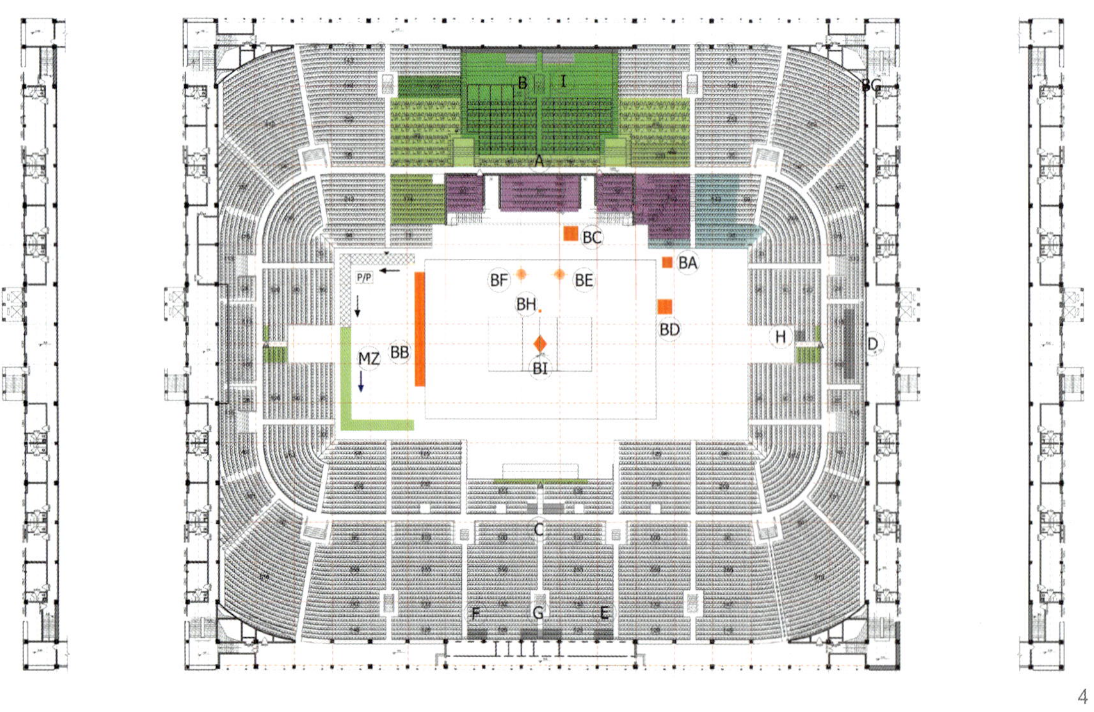
B
I
BG
A
BC
BA
P/P
BF
BE
BH
BD
H
D
MZ
BB
BI
C
F
G
E

4

3 首都体育馆总平面图
4 首都体育馆看台平面图
5 首都体育馆首层平面图
6 首都体育馆剖面图

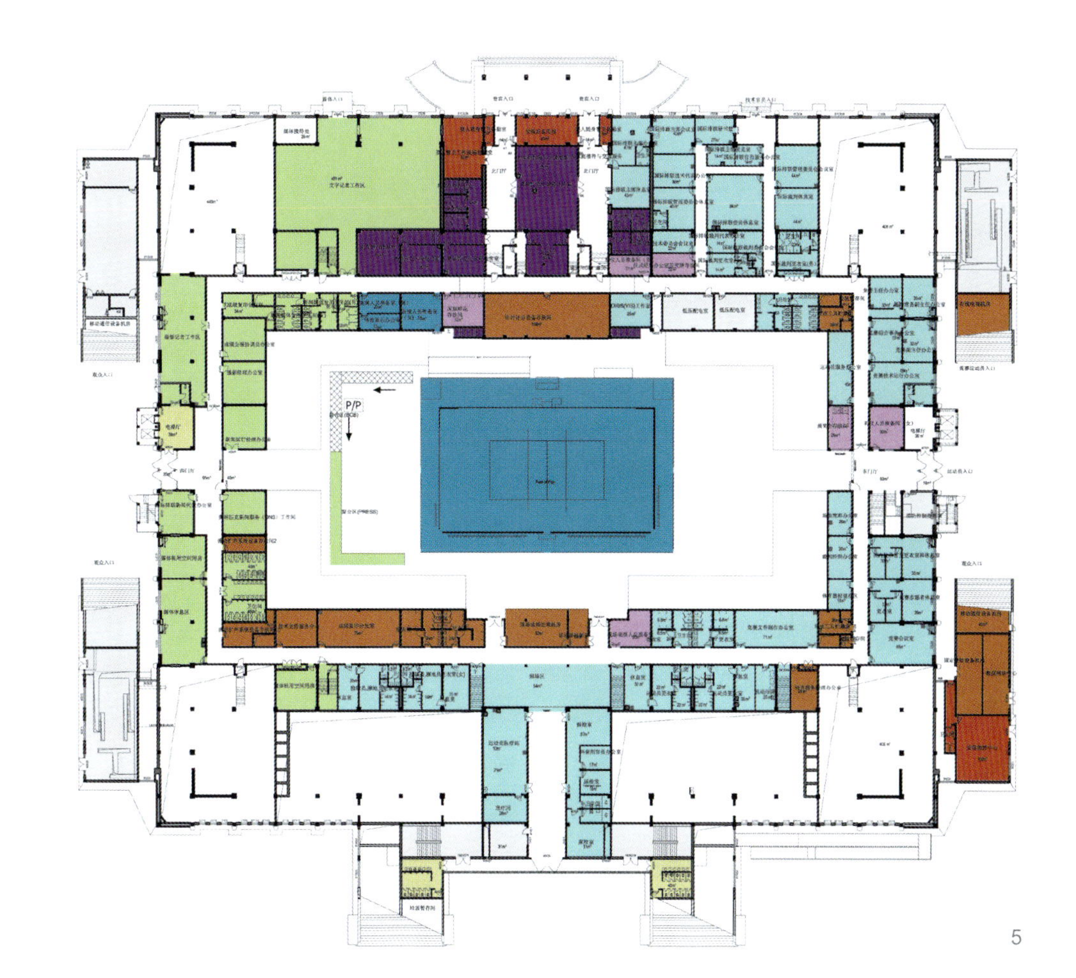

5

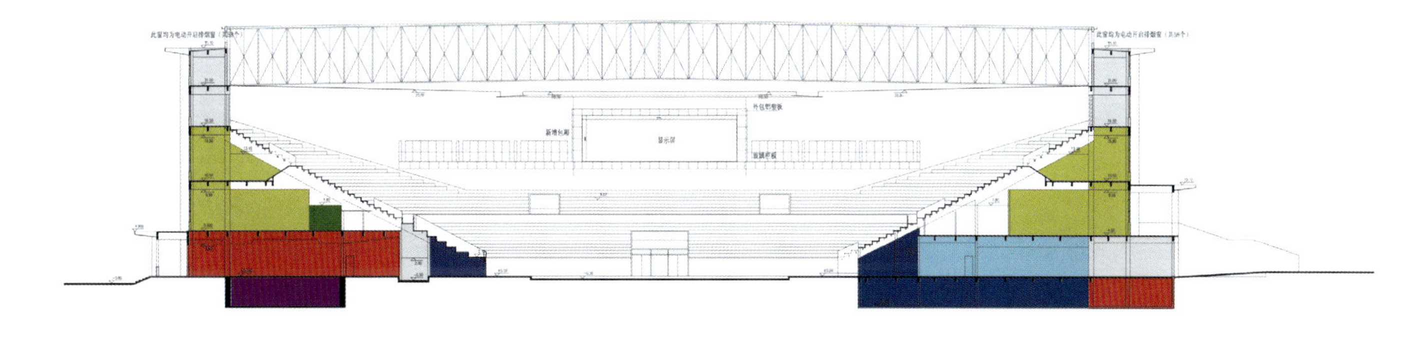

南北向平面图

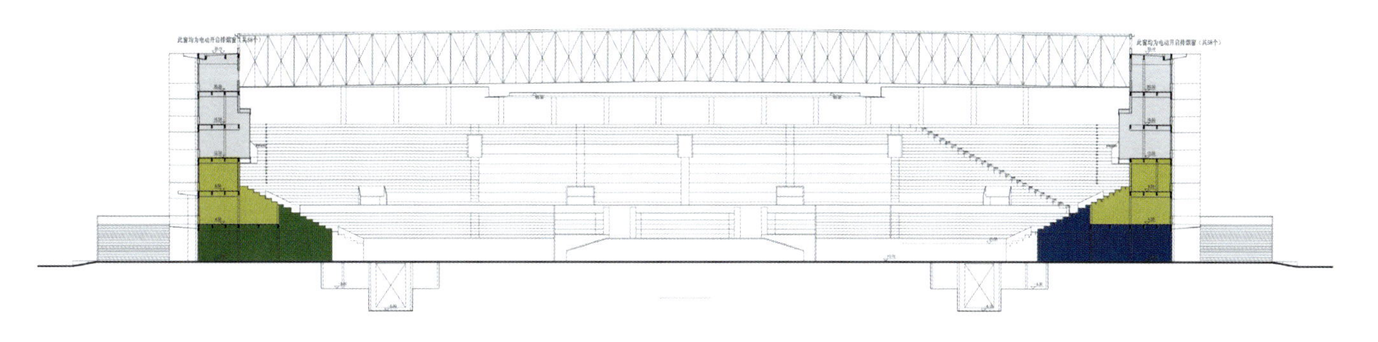

东西向平面图

6

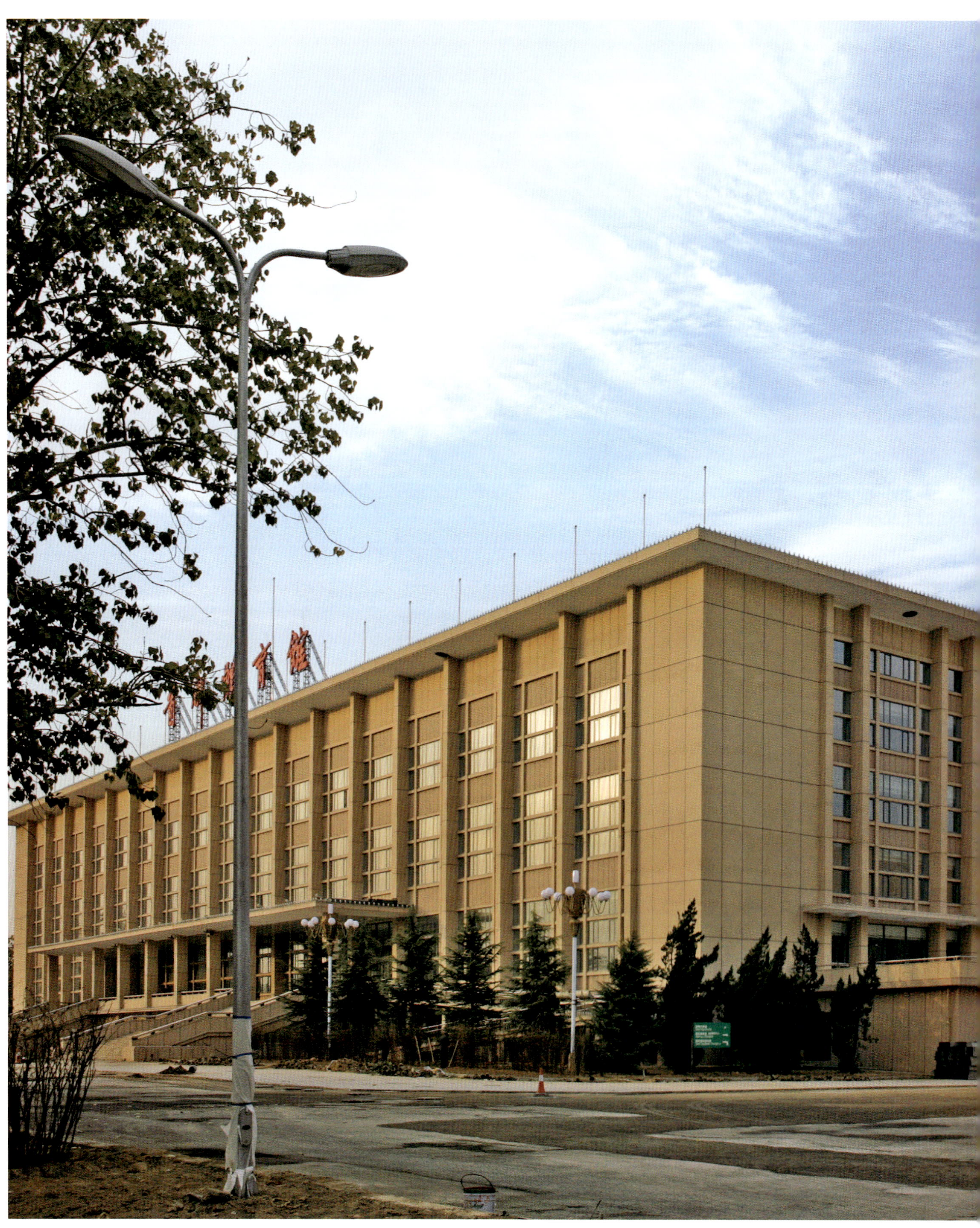

7

技术的需求。在制定改造方案的过程中，设计者把保温、节能、环保及新能源的利用作为主攻方向，力争使一幢老建筑焕发出新的活力。

1．建筑主体

按相关专家要求，尽可能地保持原有风貌。整体增加了外保温系统，拆除原有钢窗，更换为保温节能外窗，满足了整体节能要求，同时按照奥运会要求，结合现有的布局进行房间调整。在资金允许的条件下，对主要部位进行必要的装饰装修，增加了外挂楼、电梯；保证整体无障碍通行的要求，提高了消防安全功能的标准，使之与现代体育建筑的标准更加接近。

2．建筑结构

原结构设计年代久远，抗震性能远远无法满足现行抗震规范要求，必须改善结构水平整体抗震性能。本次抗震加固改造对原场馆进行了彻底加固，经多个加固方案比选，选择最优加固方案，最大限度地节省了投资，可继续使用30年。

在整体抗震加固方面，将原有框架结构改造为框架——剪力墙结构，结合使用具有较大初始刚度的位移型软钢阻尼器，彻底改善了结构的水平抗震能力并实现减震耗能目的。在构件加固方面，采用大直径挖孔桩和条形承台进行基础加固，以满足剪力墙基础抗震要求；采用增大截面或粘钢方法进行加固梁柱抗震承载力不足的构件；增加支座裙套防止支座在地震时发生塌落，对大跨屋架支座进行抗震加固。

7 首都体育馆全景

8

9

3．建筑设备

对场馆内空调、通风、给排水及消防系统均进行了改造，更新老化的暖气管道、给排水设施、设备及管线。根据日常运行特点及使用功能要求，比赛场馆采用水冷直接蒸发式空调机组与水冷冷水机组相结合的供冷方式。比赛厅及观众厅仍维持全空气双风机空调系统，场馆内其他用房采用新风加风机盘管空调系统。

给排水系统的改造除满足节能、节水、环保要求外增设了雨洪利用系统，利用现有水池收集屋面雨水用于浇洒绿地。

4．机电改造

按照奥运会比赛要求，首都体育馆需要进行变配电系统更新改造、低压配电系统更新改造，增补场地照明系统和其他照明系统更新改造，增补火灾报警与联动系统，增补建筑设备监控系统，改造通信网络与综合布线系统、有线电视系统、广播扩声系统、会议系统、公共显示系统、安全技术防范系统等；同时对建筑物防雷、接地与安全防护系统进行检查及补充完善。

首都体育馆的配电系统改造设计保持原配电系统容量不变、进线方式不变、结线方式不变、计量方式不变、保护方式不变，全部更新高低压配电屏、直流操作电源和部分电力变压器。同时设置先进的电源智能管理系统，以实现高低压开关设备遥控、遥测、遥调，实现电能统一管理、统计和综合分析，减少变电所值班人员数量和劳动强度，降低维护、运行费用。

首都体育馆改造，充分考虑了各方面的安全问题。其中，电气系统设计了应急照明系统、火灾报警与联动系统、安全技术防范系统、建筑物防雷系统、接地与安全防护系统等，使体育馆成为公众放心之地。

8 首都体育馆东立面
9 首都体育馆正立面
10 改造中的首都体育馆比赛大厅

10

11

12

13

14

15

16

11～17 首都体育馆赛场全景

17

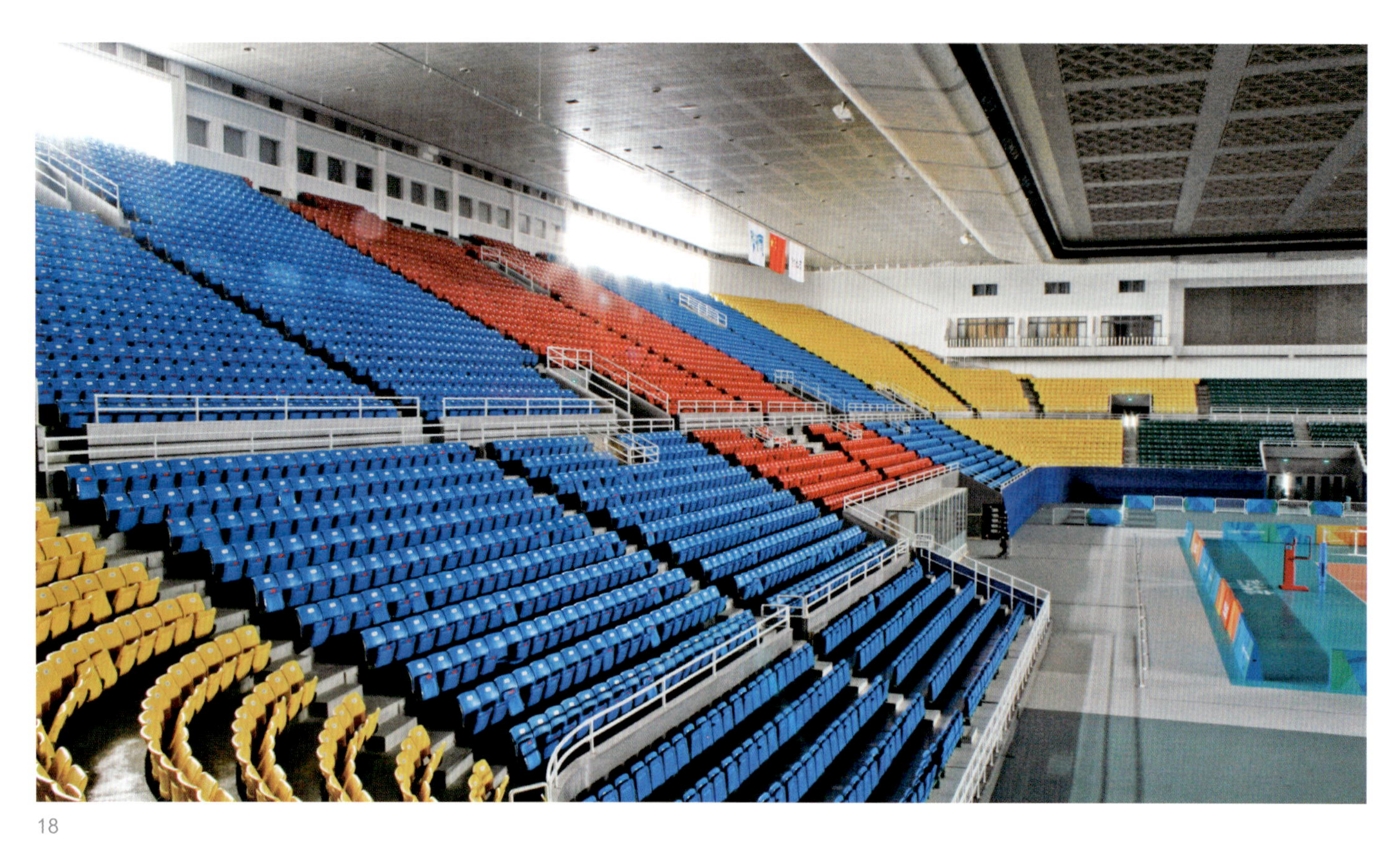
18

19

5．智能化改造

建筑设备监控管理系统可以对体育馆内各类机电设备的运行、安全状况、能源使用和管理等实行自动监视、测量、控制与管理，做到运行安全、可靠、降低能耗、节省能源和资源、节省人力。系统主要监控对象包括采暖通风空调（HVAC）系统、给水排水系统、供配电系统、照明系统等，系统还具有计量功能，可以对体育场内的燃气、水、电、热力等用量进行计量。智能化的交通管理系统可以综合管理汽车库、垂直升降电梯和自动扶梯系统。

比赛计时记分系统包括体育竞赛综合信息管理系统、记时记分及现场成绩处理系统、仲裁录像系统等。转播摄像系统根据BOB的要求，安排连接转播控制室至摄像机位、评论员控制室、评论员席、观察员席的线路通道；配备上述场所所需的照明、正常电源及备用电源。室外架设专用电缆槽架，供广播电视综合区至比赛馆的线路使用。通信系统考虑了固定、移动、集群通信的方式，将给观众、赛事活动参与者、媒体以及体育场管理部门提供最先进的信息技术和通信系统与专用设施。电话、数据和图像通信服务将通过结构化综合布线系统来实现，在体育场范围内形成固定通信系统网络。为了保证安全，还特地安装专用控制内部对讲系统，为公安指挥人员、地面安全员、急救车与救护车报务员等与其他人联系提供畅通的通信线路。

首都体育馆改造的数据网络系统采用国际上公开标准的设备组建高性能的网络，支持多种协议和各种数据传输的接口，并具有良好的安全性、可扩充性和易管理性。利用综合布线系统建立高速、大容量的信息传送平台，为首都体育馆提供语音、数据、图文、图像、多媒体信息等各种信息的高速传输通道。根据奥运会需求和各个房间的不同用途，设置信息点与电源接口，系统传输级别不低于D级（100MHz），同时提供卫星、有线电视系统、会议系统（含同声传译）等。会议系统集大屏幕显示、音视频、文稿、幻灯、实物展示、电子白板、无线传声、音响输出；计算机网络、同声翻译系统、远程数字视频传输系统、摄像编辑系统于一体。各种信息集于一屏，将电视、录像带、各种光碟、计算机网和现场摄像信号及文稿、幻灯、实物、书写等各种信息展示在大屏幕上。

各种高科技与专业化设备的充分应用，将使改造后的首都体育馆焕发出青春活力，以崭新的面貌更好地为奥运会及以后的各种活动服务。

18～20 首都体育馆看台局部

20

21 首都体育馆比赛大厅看台与电子显示屏

22 改造中的首都体育馆比赛大厅

23 首都体育馆改造后的二层观众集散大厅

24 首都体育馆二层观众集散大厅内的浮雕装饰

丰台体育中心垒球场 | Fengtai Sports Center Softaball Field

项目名称：丰台体育中心垒球场
建设地点：北京丰台体育中心
设计单位：中元国际工程公司
奥运会期间的用途：垒球
残奥会期间的用途：无

建筑面积：15570m²
固定座位数：4720个（主场）、3500个（备用场）
临时座位数：5000个
建设开工时间：2005年7月28日

1

一、概况

丰台垒球场坐落在北京市丰台区丰台体育中心的西半部。丰台体育中心始建于1990年，是为举办第11届亚运会而兴建的一座有体育场、棒（垒）球场、体育馆、游泳场、射击场、露天网球场、篮球场的综合性体育中心，占地约20hm^2，建筑面积约50000m^2，距市中心12Km，距奥林匹克公园约23km，东邻西四环南路与丰台花园相望，南隔丰台北路与京丰宾馆为邻，西侧及北侧分别为丰台体育中心一号路与二号路，与大井居住区相连。丰台垒球场于2006年10月成功举办了第11届世界女子垒球锦标赛，是2008北京奥运会场馆中第一个新落成的场馆。

二、改扩建内容

2008北京奥运会丰台垒球场是把原体育中心内的棒球场、射击场及棒球学校拆除，翻建成垒球场及功能用房；原网球场地拆除改建为临时备用场；原足球场地改为二号垒球热身场地。

1 丰台体育中心垒球场主赛场全景

2

2（前页图）丰台体育中心垒球场主赛场西南立面
3 丰台体育中心垒球场全景效果图

（一）布局改造

垒球场位于丰台体育中心内西半部，总占地约9.603hm²。场地内布局以主比赛场为中心进行规划设计，以西为赛事工作活动区（赛时后院），以东为普通观众活动区（赛时前院）。建设内容主要包括主比赛场（容纳观众1万人）、备用场（容纳观众3200人）、1号和2号热身场地、功能用房、临时看台及配套设施等。总建筑面积15570m²。

主场为奥运会垒球比赛场地，在原棒球场旧址上建设，比赛场地朝向为北偏东68°，设有固定座席4720座，临时座席5000座。其东侧和北侧分别布置1号练习场地和2号练习场地，方便运动热身。功能用房为奥运会赛时工作人员的办公用房，位于主场西部，紧邻主比赛场。备用场为世锦赛比赛场地和奥运会垒球比赛备用场地，布置在主比赛场西北角，场地方位同主比赛场，设有临时座席3200座。

用地内的道路、停车场、绿地，除进行局部调整外，基本保留了原有的格局。总平面布置满足了赛事的使用要求，同时也满足了消防以及对周边原有建筑日照间距等规划条件要求。

（二）场地设计

丰台垒球场设有四块垒球场地（两块标准的比赛场地及两块标准的热身场地），是按照奥运会及国际垒联的最高规则制定的场地标准建设的。通过先进的体育工艺设计完全满

3

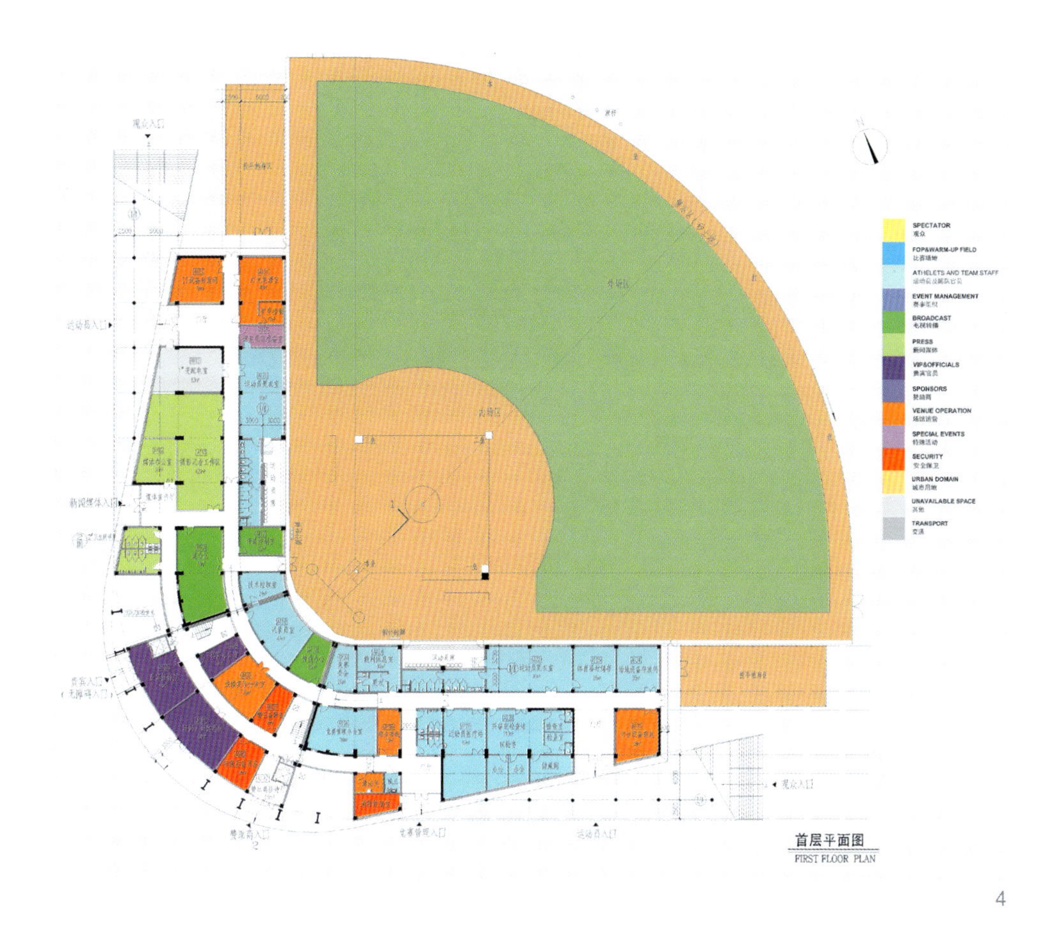

4

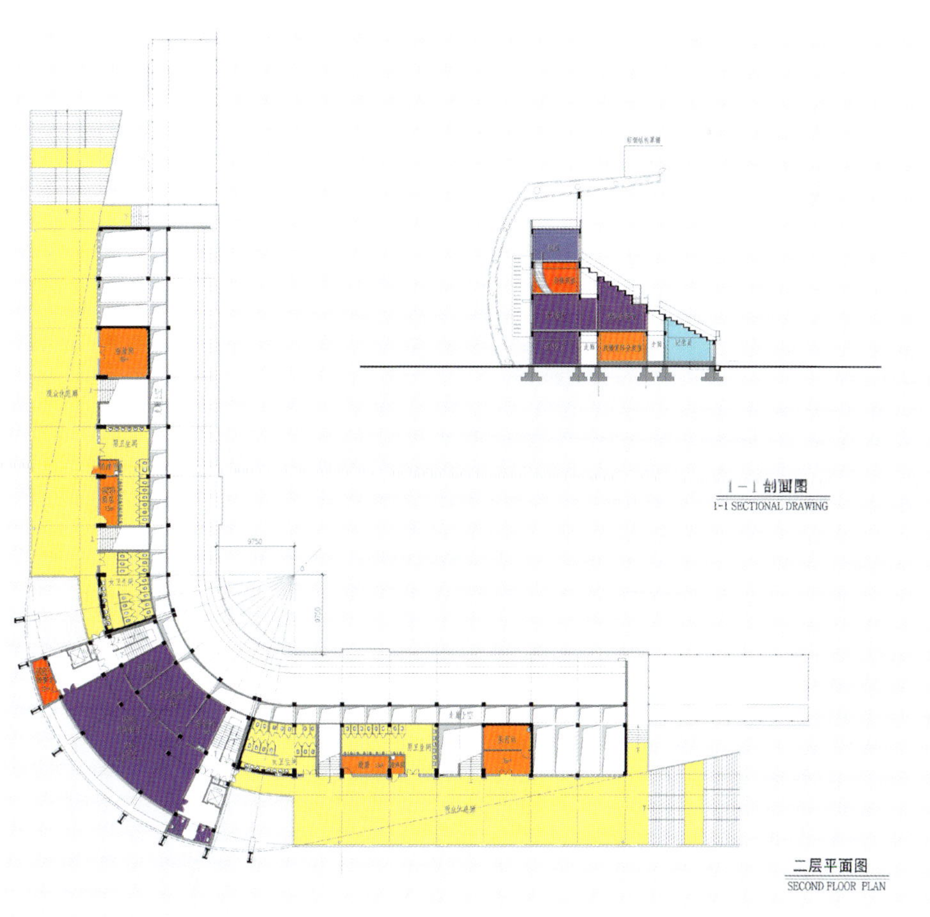

4 丰台体育中心垒球场主赛场首层平面图
5 丰台体育中心垒球场主赛场二层平面图

5

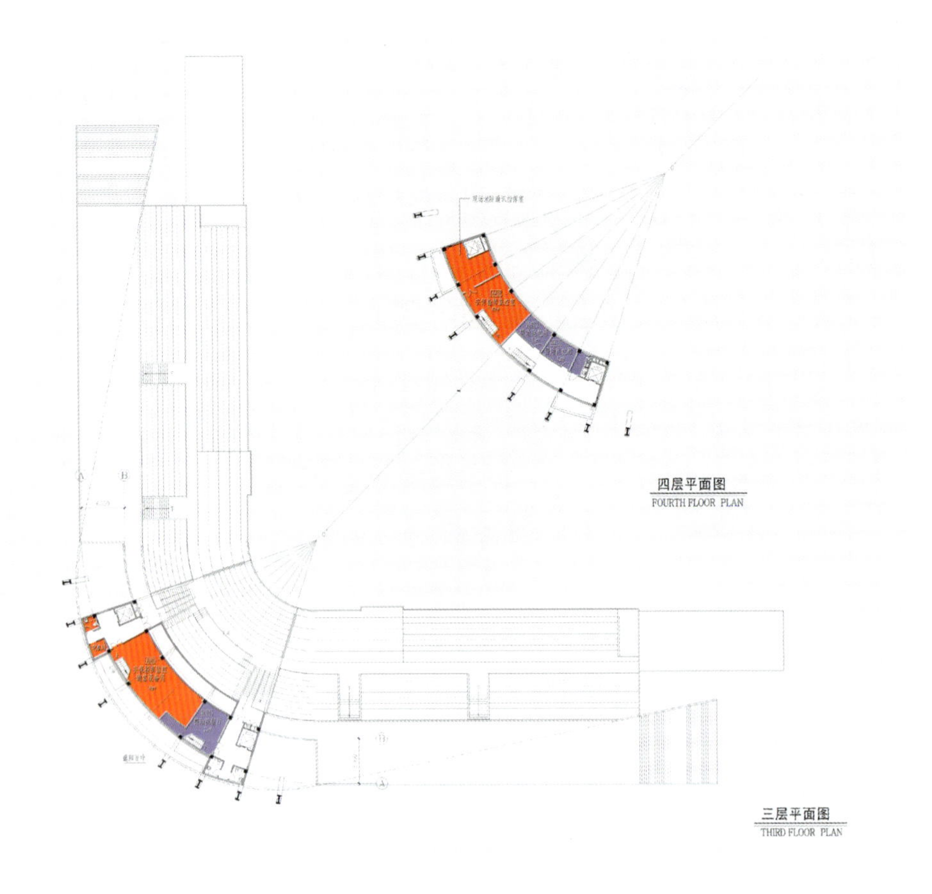
四层平面图
FOURTH FLOOR PLAN
三层平面图
THIRD FLOOR PLAN

6

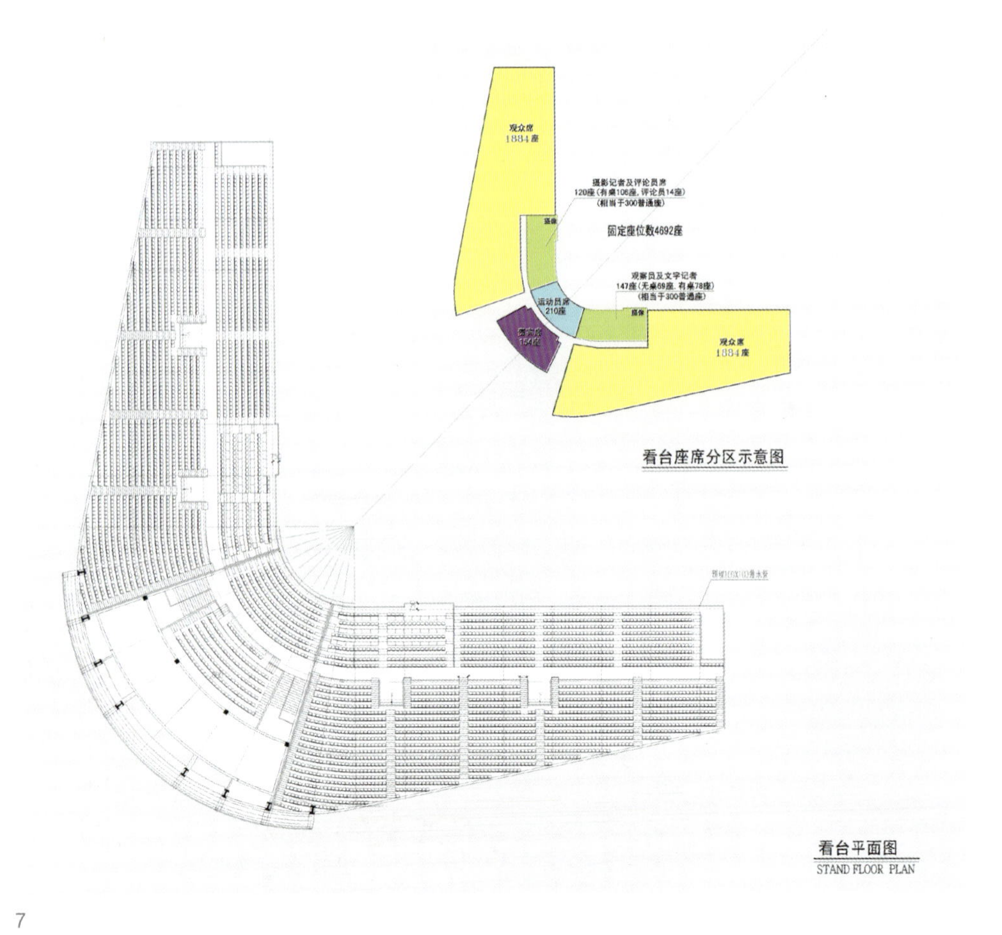
观众席
1884座
摄影记者及评论员席
120座(有桌106座，评论员14座)
(相当于300普通座)
摄像
固定座位数4692座
观察员及文字记者
147座(无桌69座，有桌78座)
(相当于300普通座)
运动员席
210座
贵宾席
154座
摄像
观众席
1884座
看台座席分区示意图
看台平面图
STAND FLOOR PLAN

7

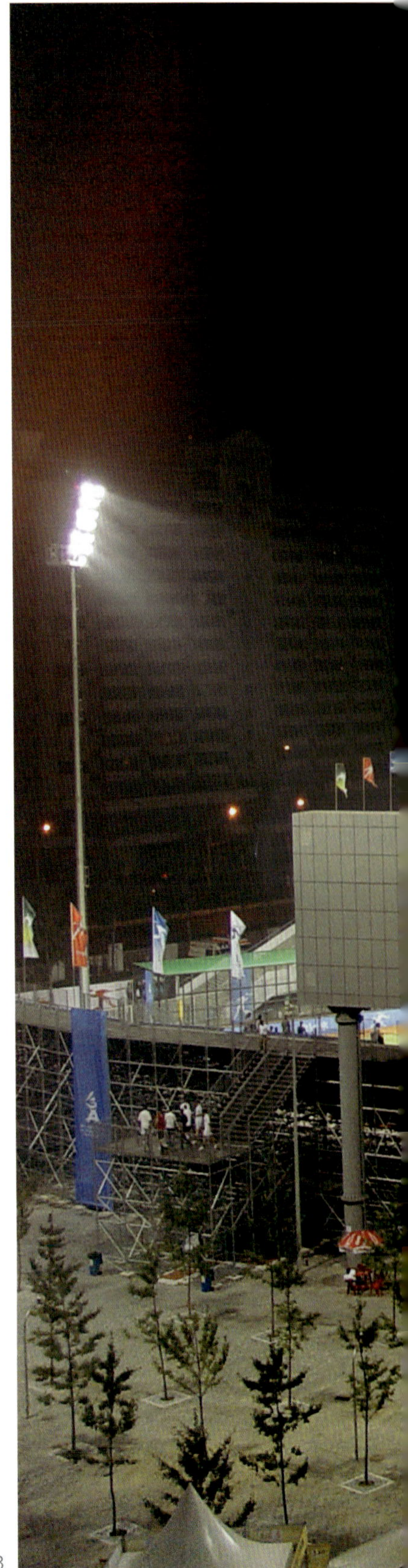

8

6 丰台体育中心垒球场主赛场三，四层平面图
7 丰台体育中心垒球场主赛场看台平面图
8 丰台体育中心垒球场主赛场夜景

9

10

足了国际奥委会、国际垒球联合会关于场地、赛事及设备的各项规定和特殊要求并达到国际先进水平。

垒球场地是以本垒点为中心向外扩散的扇形场地，其面层材料：内场面层采用专用红土材料铺设，外场面层采用两年以上无土沙基结缕草草毯或草块铺装。

场地基础采用国际通行的USGA模式，透水型结构设计，表面为0坡度。

场地排水系统采用透水模式设置，内外场均设置盲沟，铺设排水管、级配碎石排水层、粗沙过滤层、全沙基草坪种植层。排水管主管采用PVC双壁波纹管，支管采用软式透水管。

场地灌溉系统采用自动程控节水喷灌设计，终端采用中射程地埋式进口喷洒器。

（三）建筑设计

建筑设计在翻建的基础上，满足使用功能的前提下，力求具有鲜明的个性、突出的艺术风格，具有个性的建筑形式及符合潮流的景观。现代、实用的设计风格是丰台垒球场的设计理念。

主比赛场顺势而起的看台犹如大鹏展翅，象征体育事业及祖国的腾飞。建筑立面似头盔，玻璃幕造型似手套，为垒球运动添加了重重的一笔。

1. 平面布局

1）主比赛场（奥运会时垒球主比赛场地）建筑面积4350m^2，设固定座席4720座。建筑平面呈直角“U”字形布局，以本垒点为中心设计，使建筑与场地紧密结合在一起。建筑共四层，柱距为6m，两端收小，中部扩大，以争取首层有较多的面积和房间。由于是斜看台，二、三、四层迅速缩小，共有1340m^2，有观众疏散平台650m^2，兼作休息活动平台。建筑为钢筋混凝土框架剪力墙结构。

2）临时看台（赛时临时搭建，赛后拆除）占地面积2500m^2，容纳观众5000人。平面呈弧形，沿主比赛场地外场边线设置。

9 丰台体育中心垒球场主赛场全景之一
10 丰台体育中心垒球场主赛场全景之二
11 丰台体育中心垒球场主赛场夜景

11

3）功能用房（奥运会时竞赛、媒体、安保等人员的办公用房）建筑面积6000m²，为“L”形布局。建筑共五层，局部四层，柱距为7.2mx8.4m。建筑为钢筋混凝土框架结构。

4）备用场（奥运赛时备用比赛场地）建筑面积1500m²，设座席3200座。平面呈直角“U”字形分布，单层，柱距6m，下部为房间，上部为看台。建筑为轻钢结构。

2．剖面设计

1）主赛场首层层高4.2m，二层层高4.5m，三层层高3.9m，四层层高3.9m。垒球视点较近，因此看台坡度较大，前9排平均每排升起400mm，后排每排升起450mm，主席台每排升起550mm。20排后每排设栏杆，保证安全。

2）临时看台由租赁脚手架搭建，不作基础，不破坏场地。不负担成本，材料全部回收。不考虑涂防火涂料，外围适当美化。第一排距地1.2m，由于视距远，每排升起300mm即可。共20排，总高7.2m。

3）功能用房，五层，局部四层，首层层高3.9m，二至五层层高3.6m，满足使用要求。

4）备用比赛场，层高3.6m，建筑高度9.9m，为轻钢结构，螺栓联结，轻质墙体。便于拆卸，有利回收。看台每排升起400mm，头排距场地3m，共15排，最后一排距地9m。

3．立面设计

1）垒球运动是一种比较特别的运动，在我国并不普及，为数很少的几个垒球场，大多因投资原因，都十分简陋，无法借鉴。因此，它采用什么样的立面和造型，是一项新课题。

2）从整体出发，从环境出发，注重整体环境效应，注意与周边建筑的协调，注意与体育中心的协调。

3）主比赛场地立面造型：主比赛场地呈直角“U”字形，因用地的局限，外围为两端小中部扩大的曲形。由于看台的起坡，整个建筑成山凹状，面向比赛场地。同时两端的高度能与临时看台协调一致，形成整体围合。局部看台设罩棚，轻便钢结构挑梁，轻巧美观。灯光柱向场内倾斜，提高照度，避免遮挡，更加强调建筑整体造型。外立面不作高档装修，仅在主入口设计象征垒球手套状的玻璃幕墙，作为重点装饰。

4）功能用房立面造型简捷、大方，以水平线装修为主，

12 丰台体育中心垒球场主赛场主看台

不喧宾夺主，但又反映时代特征。立面以铝合金遮阳百叶及太阳能光伏发电板为主要装饰构件，既具有实用性，又体现了建筑的时代感。屋面设太阳能热水装置。

5）临时建筑统一设计、统一造型、统一标志，统一色彩。

4. 建筑节能

1）本工程提前按照“公共建筑节能设计标准”进行全方位的节能环保设计，打造绿色建筑工程。

2）结合建筑造型采用先进的低能耗外围护结构，外墙外保温。

3）中空玻璃，断桥铝合金节能门窗。

4）尽可能自然采光和自然通风，空气净化，加湿除湿。

5）严格执行奥运环保指南，选用节能建材及绿色环保建材。

5. 无障碍设计

丰台垒球场设计中充分考虑了无障碍设施：

1）主场、功能用房、备用场的主要出入口均设有无障碍入口及坡道。

2）主场及功能用房分别设有一部无障碍型客梯，作为垂直交通。

3）主场、功能用房及备用场均设有无障碍型卫生间、淋浴间及厕位。

4）主场四层包厢及临时看台上设置残疾人轮椅席位。

（四）交通规划

周围城市道路系统较为完善。东侧和南侧有城市主干道，分别为四环路和丰台北路；西侧为丰体一号路；北侧为丰体二号路。外部交通便捷。

根据总体规划，现有北入口一个，南入口及西入口各两个。连接各入口的道路为城市路，路宽约20m，考虑到赛时组织车流、易于管理、安全保卫的需要，将出入口进行了分工，即：北出入口，南出入口为观众主要出入口，赛时观众以乘坐公共交通为主；西出入口定位机动车辆出入口，分别为新闻媒体出入口和贵宾出入口；西南出入口为运动员车辆出入口。各停车场安排在出入口附近，方便调度。丰体中心

13 丰台体育中心垒球场主赛场主看台夜景

14

一号路的北出入口附近为媒体及场馆管理团队停车场，以小型车为主，安排部分中型车和少量大型车。西出入口附近为贵宾停车场，均考虑小型车的停放。南部为运动员停车场，考虑大型车和小型车的停放。在新闻媒体出入口的主干道的两侧设置媒体上车站及下车站。

原棒球场引车平台拆除，形成回车广场，便于各类人员上下车辆。顺流回转，互不交叉。

根据出入口的分布，按照定向车流、人车分流、减免干扰、易于安检的理念，组织赛时各类交通的入场与退场。

场内道路设计将在原有格局的基础上进行改造，改造后主干道宽度为12m，次干道6–9m，人行步通2.5–3m。采用城市型、立道牙、双坡向、沥青混凝土面层、灰土基层。道路转弯半径9～12m。

（五）景观园林改造

景观规划的主要任务是结合用地内现状特点，尽可能保留现有树木，配合建筑造型，集中和分散式绿化布局相结

14 丰台体育中心垒球场赛场主入口玻璃幕墙钢架
15 丰台体育中心垒球场主入口玻璃幕墙钢架细部之一
16 丰台体育中心垒球场主入口玻璃幕墙钢架仰视

15

16

17

17 丰台体育中心垒球场主入口玻璃幕墙内侧走道
18 丰台体育中心垒球场主入口玻璃幕墙钢架细部之二
19 丰台体育中心垒球场主入口玻璃幕墙钢架

18

合，进行绿化整体规划，使其达到更精彩的目的。

自然化、温馨化、人情化。造园时，以灌木花卉为主，以达到五彩缤纷烘托主体的效果。草皮在北京生长期短，不易成活，不宜种植（场地内除外）。

垒球场用地内规划种植了两处集中的绿化区域，一处设置在用地东部观众活动区（赛时前院），以疏散广场结合绿荫树木的形式设计；另一处设置在用地西部工作人员活动区（赛时前院），为三角形用地，以绿地为主局部种植乔木。

垒球场内道路两旁及用地周界内的现有树木均尽可能地得到了保留。通过绿化景观设计，使用地内的空间更丰富，景观更人性化。

（六）场地照明

丰台垒球场比赛场地照明采用大功率灯柱，主比赛场地8组，备用比赛场地6组，每灯柱安装1500W高光效金卤灯约24盏，光源显色指数要求为90，色温为5600K，眩光值（GR）不超过50。通过合理布置灯具，消除阴影。灯具采用二类灯具，其控制设备满足二类灯具的绝缘水平。场地照明以人为本选择灯柱位置及投光角度，避免眩光。

由于垒球的球体小、运动速度快，对眩光的要求尤为严格，选择功率不大于2000W的双端金属卤化物光源为场地照明光源，进一步减小眩光。主赛场的最大眩光值小于36.78，备用赛场的最大眩光值小于38.85，均低于GR小于50的标准。照明系统采用双电源供电，另设移动柴油发电站作第三电源，采用快速EPS作为过渡电源，保证电源切换和短时停电时场地照明的不间断。每个灯杆采用三相供电，相邻灯具采用不同的相序供电，以消除频闪。

（七）相关设施

垒球场内设有挡网、标志杆、倒计时牌、投手热身区、击球笼等体育设施。

1）场地周边边界设有挡网，以满足场地围界及观众安全要求。比赛场地内场边线处设9m高挡网，外场边线处设1.2m高挡网。1号、2号训练场地周边设6m高挡网。

2）在比赛场地一、三垒方向外场端线处分别设有两个投手热身区，供运动员赛时热身使用。尺寸为8mx20mx5m(h)的钢框架硬质编网棚。

3）在1号、2号训练场地临近处设有击球笼，供运动员击球训练使用。尺寸为8mx20mx6m(h)的钢框架硬质编网棚。

19

20 丰台体育中心垒球场主入口玻璃幕墙之三

（八）其他

丰台垒球场工程始终遵循“绿色奥运、科技奥运、人文奥运”的宗旨，贯彻国际奥委会及中国奥组委的“瘦身”原则和计划，引入国内外先进的设计理念，采用新技术、新材料34项，充分贯彻落实了“三大理念”。

- 雨水、中水回收再利用技术；
- 临时看台的设计、回收再利用技术；
- 太阳能利用技术；
- 透水铺装及涵养地下水技术；
- 采用节能设计，用环保建材；
- 智能化系统（包括楼宇控制系统、电视监控系统、入侵报警系统、门禁系统、综合布线系统、计算机网络系统、巡更系统、场地扩声系统）；
- 快速EPS应急电源系统；
- 变频空调（VRV）系统，制冷剂选用环保高效的R410A新冷媒。

1. 雨水、中水回收再利用技术

丰台垒球场设计并实施了雨水、中水回收再利用系统。采用物化工艺处理，通过收集现有丰台体育中心内游泳馆的洗浴废水和体育场的雨水，经系统处理后达到中水标准，直接用于绿化和道路养护。该系统设施独立，整套设施及构筑物按照地下掩埋形式设计，地上设计为停车场及景观绿化。

该项目每年回收利用水资源约8万t，实现了较好的社会效益、经济效益和环境效益，成为奥运场馆建设项目的示范工程。

2. 临时看台的设计、回收再利用技术

垒球主场在奥运会后将改为标准棒球场，因此设计考虑在不破坏原棒球场地的前提下采用模块化脚手架支撑体系技术，搭建了5000座的临时看台。这些临建的材料、设备全部可以重复使用，避免了奥运会后的资源浪费。

临时看台脚手架支撑系统主要分为上部看台和下部结构。

上部看台主要由支撑体系、座椅体系、通道体系和安全防护体系构成。各部分结构采用标准件组装连接。看台设计使用活荷载为不小于5kW/m^2。

下部结构采用预制模块脚手架成套技术进行搭建（包括预制水泥块、镀锌钢质底座，支撑架体为满堂脚手架支撑。架体在横向和纵向两个方向上从底到顶用斜拉杆加固）。临时看台形式为1/4圆弧，圆心为场地本垒0点。分为7个单元，每个单元为600～800座，每个单元设一部钢梯作为垂直交通，前排设24座残疾人轮椅席位及坡道，建筑面积2500m^2。

临时看台系统的这些特性完全符合奥运场馆设施建设要遵循安全、质量、功能、工期、成本“五个统一”的原则，同时也体现了“十一五”国家规划提倡资源节约型、环境友好型社会，发展循环经济的精神。

2008北京奥运会大约需要20万个临时看台，如果全部采用临时看台系统，综合成本将节约50%以上，约合人民币2亿～2.5亿元，钢材重复利用为10000t。考虑因采用本系统节约钢材所节约的能源和资源，其经济效益和社会效益将更为可观。

3. 透水铺装及涵养地下水技术

丰台垒球场在人行步道上设计采用了透水铺装系统，场区共铺装了9000m^2。

人行步道铺装结构分为三层：透水砖（透水性能优异的沙漠风积沙为原料的透水砖）；粘结找平层；级配砂石。其最大特点在于粘结找平层不仅具有较高的粘结强度，同时具有优异的透水性。采用这种铺设方法的路面，能承载更大的荷载，能把雨水真正渗入地下，补充地下水或收集使用。并可在局部地区减少或取消传统的下水管线的铺装。

透水铺装人行步道在遭遇雨雪天时不易积水，同时还有效地补充、涵养了地下水资源。可有效解决地下水匮乏和雨水洪涝两大难题，带来较好的经济、环保、社会效益。

4．太阳能光伏并网发电技术

建筑立面结合太阳能光伏发电板进行设计，体现了实用性和装饰性的有效结合。

丰台垒球场功能用房光伏并网发电系统示范工程设计规模为27kW，由135块200Wp太阳能电池在功能用房南、西两侧的外钢支架上组成太阳能电池阵列，并分离为三个发电单元，通过两台3kW和一台30kW光伏并网逆变器组成完整的光伏并网发电系统，以实现由太阳能转变为电能，并通过已有的市电网络向功能用房提供部分所需用电的目的。

光伏发电技术在经济效益方面每年并网发电约16000度。在环境效益方面无噪声、无污染、无需消耗燃料。

5．太阳能光伏路灯

丰台垒球场区域道路照明采用了太阳能半导体照明高杆灯作为辅助道路照明。采用了照明时续控制器，可根据环境照度的变化，依预设值自动调节光源工作时间，在相同亮度的情况下，太阳能电池和蓄电池容量将大量减少，光源寿命成倍增长，可靠性提高。本高杆灯太阳能充放电自动控制，亮灯时间不同，符合人性化要求。

6．太阳能光热技术

垒球场功能用房屋顶布设了太阳能集热板125m^2，热水贮水箱8m^3，最大日供热水量9m^3，供给主场、备用场及功能用房生活热水。在晴天时，生活热水主要由太阳能供给；在阴雨雪天气时，太阳辐照不好的情况下，用辅助电加热进行补充。

7．赛后利用

奥运会会前的大规模建设与会后的闲置是奥运会的通病，与可持续性发展背道而驰。因此，赛时与赛后相互结合，强调赛时的实用性及赛后的最大限度利用率，是本项目建设自始至终贯彻如一的。

在规划设计中把赛后将拆除的备用场、2号热身场地及其他临时设施集中布置在用地北侧，为赛后奥运设施的拆除及用地的再利用预留了发展空间。

垒球主场在奥运会后将改为标准的棒球场，因此，在设计时对场地的尺寸和照明、计分屏的位置、临时看台布置和形式，都充分考虑了在满足奥运会垒球比赛的同时兼顾赛后恢复棒球场的可能。

21 丰台体育中心贵宾休息室

北京理工大学体育馆 | Beijing Institute of Technology Gymnasium

场馆名称：北京理工大学体育馆

建设地点：北京理工大学校内

设计单位：五洲工程设计研究院

奥运会期间的用途：排球

残奥会期间的用途：盲人门球

建筑面积：21900m^2

固定座位数：5000个

临时座位数：无

建设开工时间：2007年2月8日

1

一、概况

北京理工大学体育馆于2003年5月1日动工兴建，2006年9月正式交付使用。原设计为日常教学使用的场馆，兼顾国际比赛需求。2005年被选中作为2008北京奥运会排球比赛馆和残奥会的盲人门球馆。该体育馆总建筑面积2.19万m^2，东西宽92m，南北长133m，屋顶跨度76.4m。建筑物地下一层，主要为设备机房和学生活动用房；建筑物地上为一层大平台，主赛馆设于大平台上，赛馆净高17m，为大跨度空间钢结构。建筑物分两个大区：一区为主场馆，主要为篮球比赛大厅、赛前热身馆、乒乓球馆及运动员、裁判员、工作人员和贵宾用房；二区为学生社团活动用房，主要为多功能厅及排练、办公用房。另外，建筑物东侧设有13m（局部8m）的风雨跑道及室外比赛看台。

二、改扩建内容

（一）场地规划

校园整体规划有一个非常明确的轴线关系，体育馆位于校园东西向主轴线的尽端，在环境中处于非常重要的位置。

1 北京理工大学体育馆全景

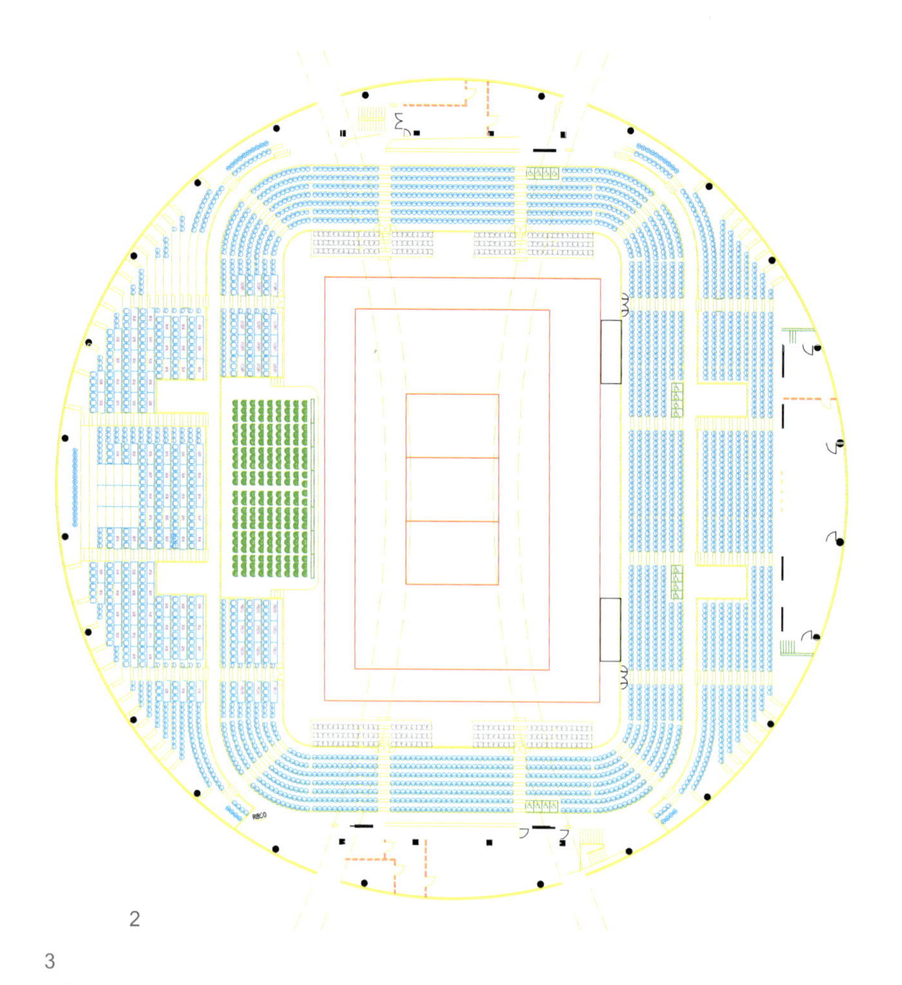

2 北京理工大学体育馆观众席平面图
3 北京理工大学体育馆俯瞰

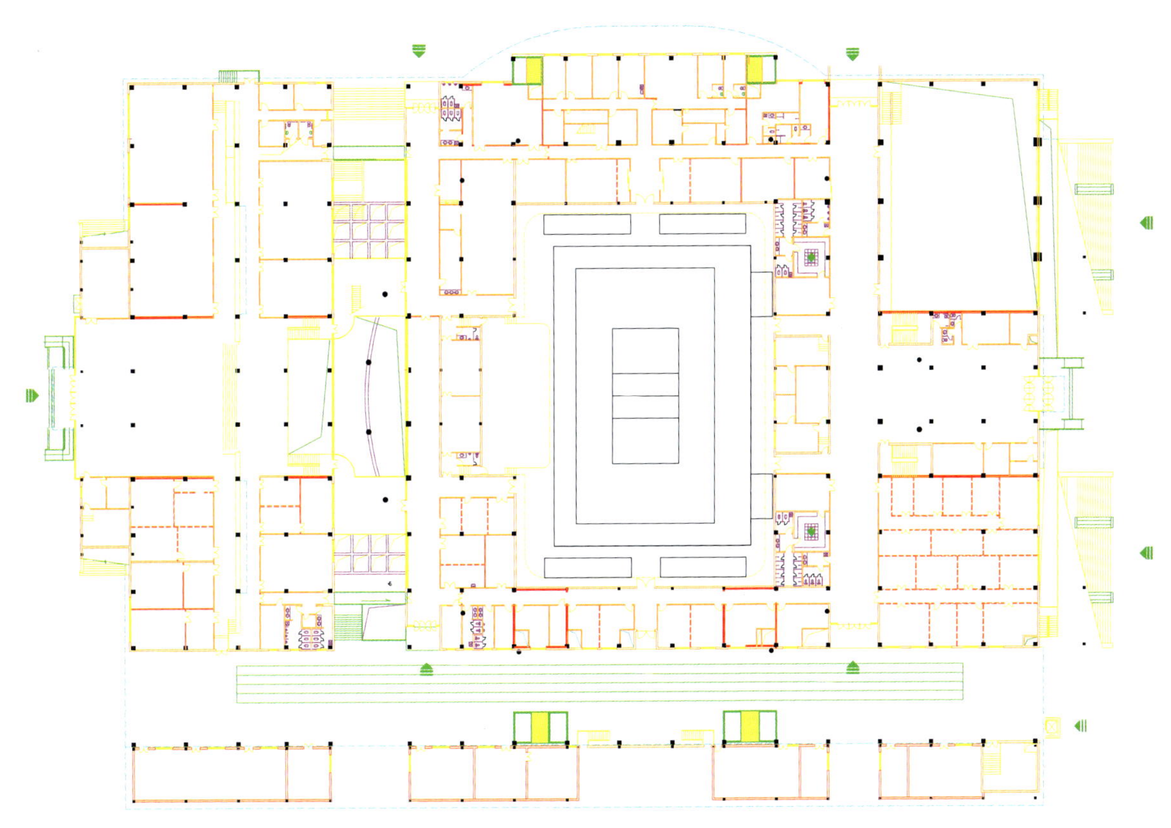

4 北京理工大学体育馆首层平面图

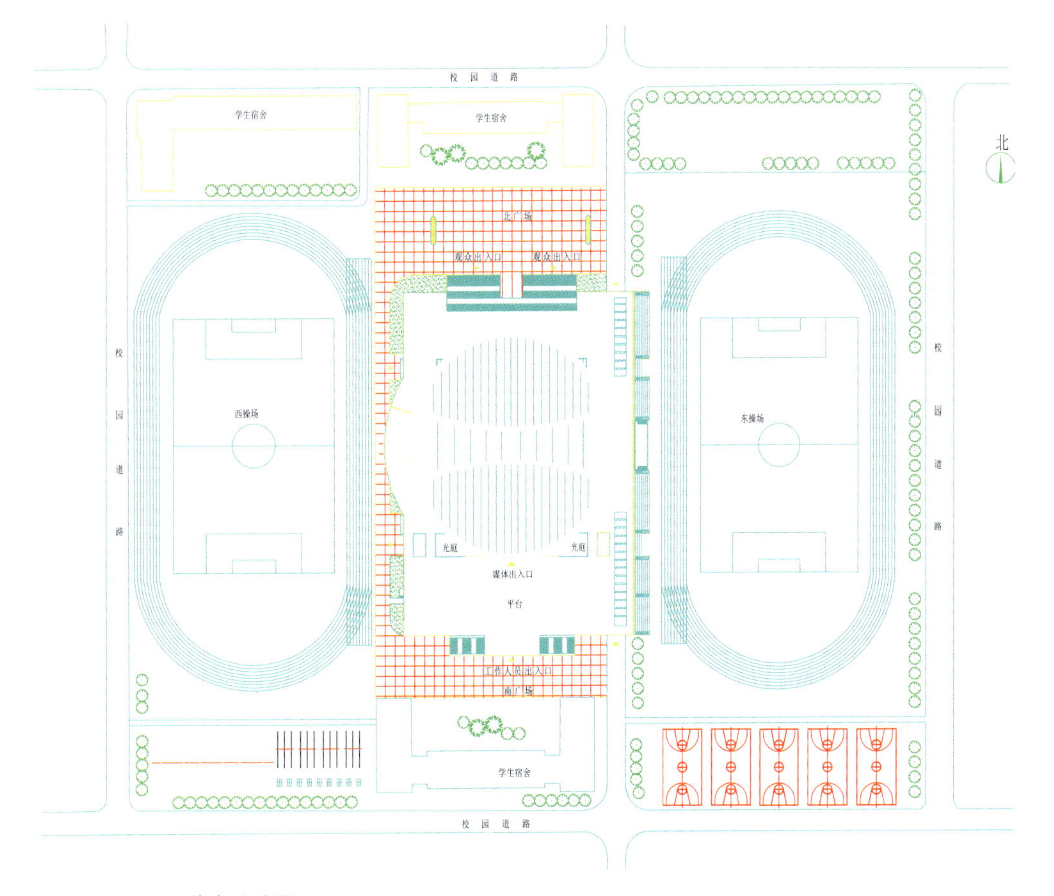

5 北京理工大学体育馆总平面图

6 北京理工大学体育馆与周围的环境

7

8

9

7～9 从不同角度看北京理工大学体育馆

为了尊重校园空间环境，完善中心轴线序列，在总体布局上，利用主馆体形的均匀对称特征，将主馆的轴线与环境轴线重合，确立了其在环境中的重要地位。在南北方向的建筑规划构图处理上，也采用对称的处理手法，形成一条次要轴线，与主轴线呈垂直状态，同时，将学生活动中心处理成与主馆基座相似的一组建筑，并加通廊与之相连，组成一个完整的建筑体，以突出主馆的中心地位。

（二）建筑主体改造

体育馆的辅助用房部分设计为一个完整的平台，主馆位于平台之上，并以流畅的形体和通透的外表弱化其庞大的体量给校园环境造成的压迫感。主馆的平面投影为圆形，圆形观众厅与方形基座，符合天圆地方的中华民族传统思想。建筑外形由内而外塑造，通过空间与体形的对应关系而产生的建筑形象个性和特征鲜明。两个弧形巨拱悬挂着波浪形的屋面，整个造型充满动感和力量，其飞翔之势，展现健与美的体育建筑内涵。起伏的铝合金屋面、通透的玻璃幕墙配以坚实的石材饰面的大基座，建筑造型虚实有序、舒展奔放，建筑艺术个性和科技特征鲜明。

（三）结构改造

对改造后的体育馆的屋面结构体系采用形象的话来描述，就是提篮式屋顶结构体系：双道圆弧拱形钢桁架作为提篮的把手，下部悬吊整个屋盖体系。这是一种极稳定的结构

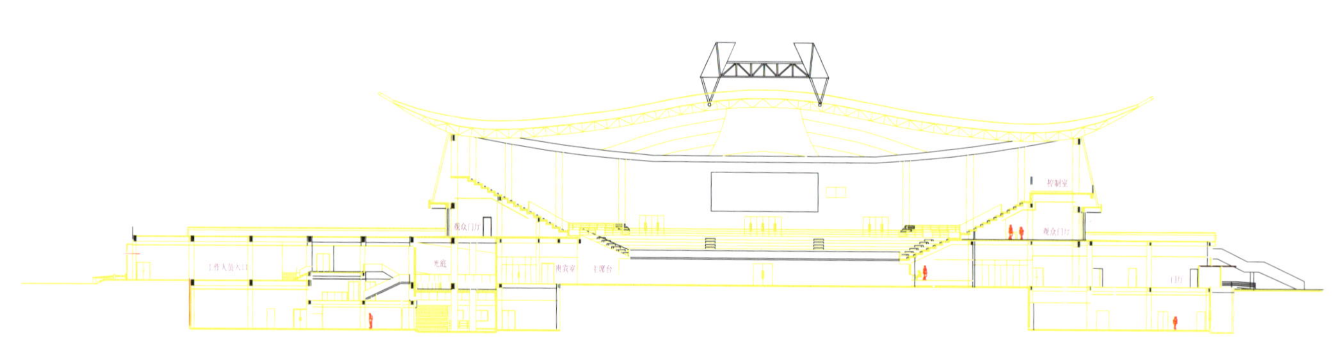

10 北京理工大学体育馆剖面图

11 北京理工大学体育馆立面

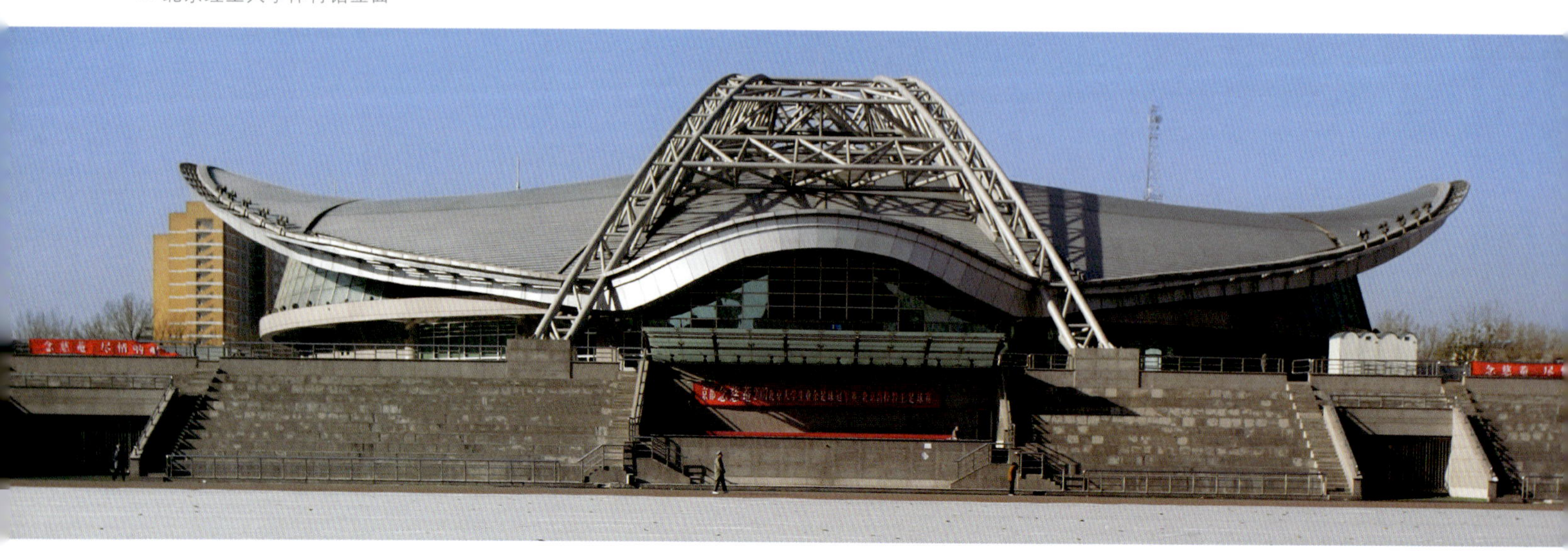

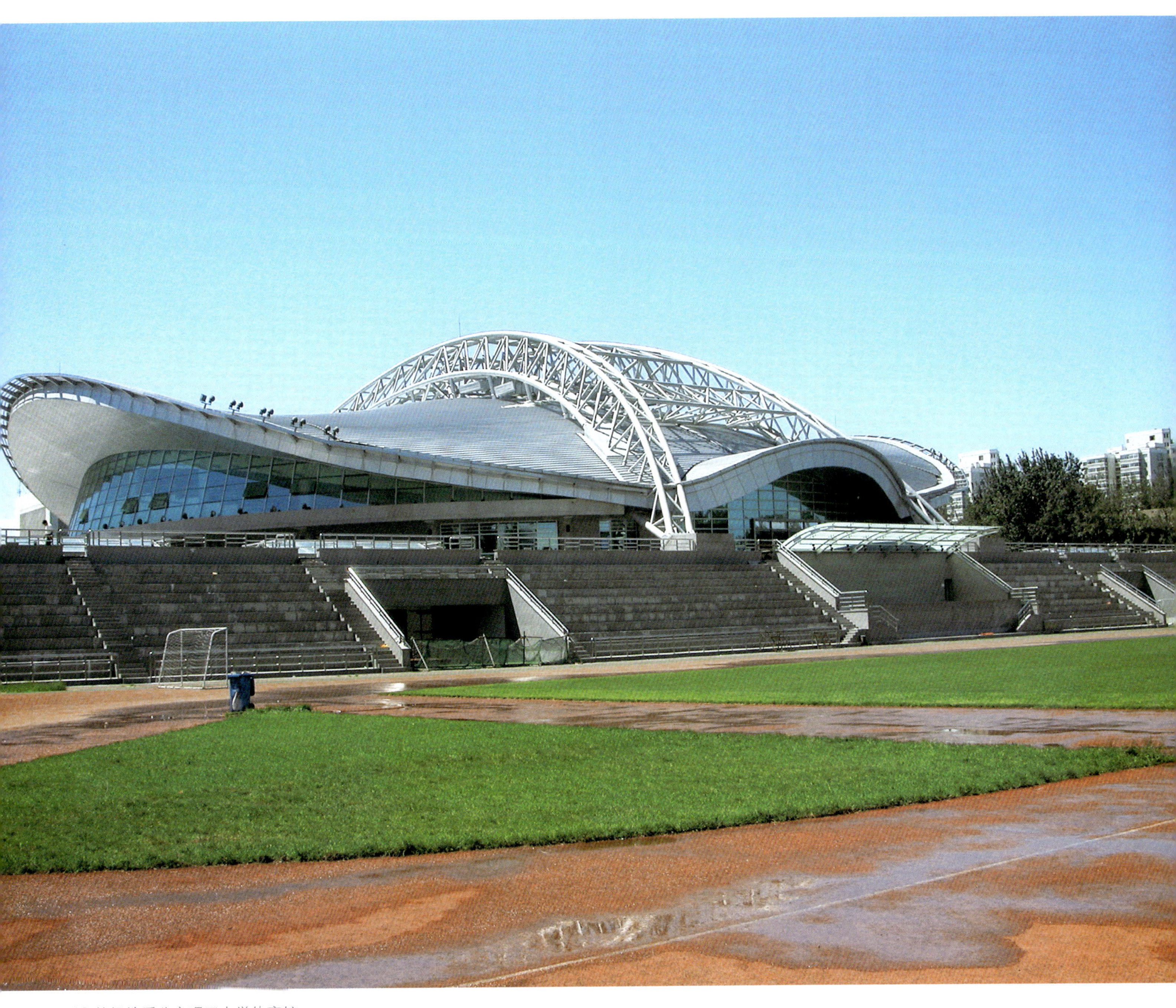

12 从场地看北京理工大学体育馆

体系，可以减少跨度，节约钢材。屋盖体系是由管管相贯的钢桁架组成，为了准确地反应建筑外形特点、受力和传力方式，结构工程师对结构体形、构件形状和大小、构件尺寸和分布进行了艺术整合，显示出清晰的结构逻辑和力学美，为创造美的建筑作品提供了技术保障。

13

（四）功能改造

学校的体育馆与社会、专业体育馆不同之处，就在于多功能使用。设计师在场馆的灵活性和综合化方面找到了一个适中的切入点：首先保证场地内有1200个活动座椅，这就使内场能满足蓝排球、羽毛球、手球比赛之间的灵活转换，然后适当增加固定座椅数，使其达到3600座，满足文艺演出、开学和毕业典礼、电影放映以及节庆等大型活动的频繁需求，同时也照顾到学校规模迅速扩大的要求。体育馆内设有较多的文娱用房，总面积达到9000m^2，含武术训练厅、乒乓球训练厅、健身房、8间多功能厅及练琴房、排练厅等，每周可接待13000人次的训练和休闲、社团、学术活动，让体育馆成为“一馆多用”的综合性体育设施。

14

（五）流线改造

在设计中力求处理好“环境、建筑、人”的最佳关系，采用换位思考、模拟来宾的方法进行设计，充分为使用者着想。四面分布的各种出入口、丰富的屋顶大平台空间、立体化的交通组织，使体育馆从流量最大的观众路线到人流量较少的贵宾路线均直接便捷、互不干扰，符合人文奥运的精神。

（六）屋面改造

屋面造型为双曲金属屋面，形似鳐鱼，外形复杂，技术难点多，是建筑节能设计的重点。在屋面构造层次上提出创新设计思想：一般金属屋面只有单一的保温层，而本设计则采用了三道保温层，通过三种不同厚度、不同密度的保温材料，并按其弹性特征与其他的构造材料穿插放置，达到非常理想的保温效果。

奥运比赛时间是夏天，暴雨会对金属屋面产生很大的撞击声，影响比赛环境。通过创新的多层屋面构造层次，实现了对屋面暴雨撞击声的有效消减，创造了绿色的声音环境，确保了场馆对音响环境的使用要求。

15

16

17

13 北京理工大学体育馆东北角外景
14 北京理工大学体育馆立面
15 北京理工大学体育馆钢架支座
16 北京理工大学体育馆内部比赛场地全景
17 北京理工大学体育馆内部赛场局部

好运北京
2007国际盲人门球邀请赛
2007 International Goalball Tournament
104区
105区

18

19

20

21

18 北京理工大学体育馆室内全景
19 北京理工大学体育馆主看台
20 北京理工大学体育馆比赛场地
21 北京理工大学体育馆比赛场地一角

22

23

24

25

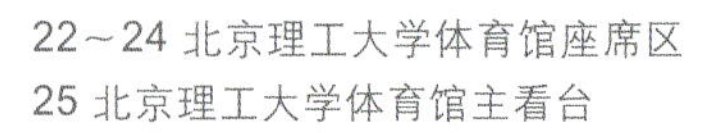

22～24 北京理工大学体育馆座席区

25 北京理工大学体育馆主看台

26

27

（七）柔光设计

在学生文化活动中心和主馆之间设置了下沉式采光庭院及室内中庭空间，将自然光线引入地下室，实现地下室的自然采光和通风。比赛大厅侧面设有外窗，屋顶结合拱形桁架也开设了天窗。打开遮光帘，赛后日常教学使用时，室内不用开灯，可节约能源。

北京理工大学体育馆设计，合理把握了环境特征、空间效果、构造型式、结构选型等要素，在功能布局、外形塑造、节点构造等方面较好地符合了奥运会的需要，也实现了它作为学校体育文化“综合馆”的建设初衷。

26 北京理工大学体育馆比赛场地
27 北京理工大学体育馆室内屋顶结构
28 北京理工大学体育馆电子显示屏

28

北京航空航天大学体育馆 Beijing University of Aeronautics & Astronautics Gymnasium

场馆名称：北京航空航天大学体育馆
建设地点：北京航空航天大学校园东南角
设计单位：中元国际工程公司
奥运会期间的用途：举重
残奥会期间的用途：举重

建筑面积：20989m²
固定座位数：3400个
临时座位数：2600个
建设开工时间：2007年1月31日

一、 项目概况

北京航空航天大学体育馆建成于2001年8月，总建筑面积20989m^2，占地面积21446.6m^2，场馆外形以银灰色为主色调的铝幕外墙及巨大的架空平台，似飞碟从天而降，把北航高科技的航空航天特点和"更快、更高、更强"的奥运精神有机结合起来，体现了超前的设计理念及当代大学生的青春活力。

1 北京航空航天大学体育馆全景

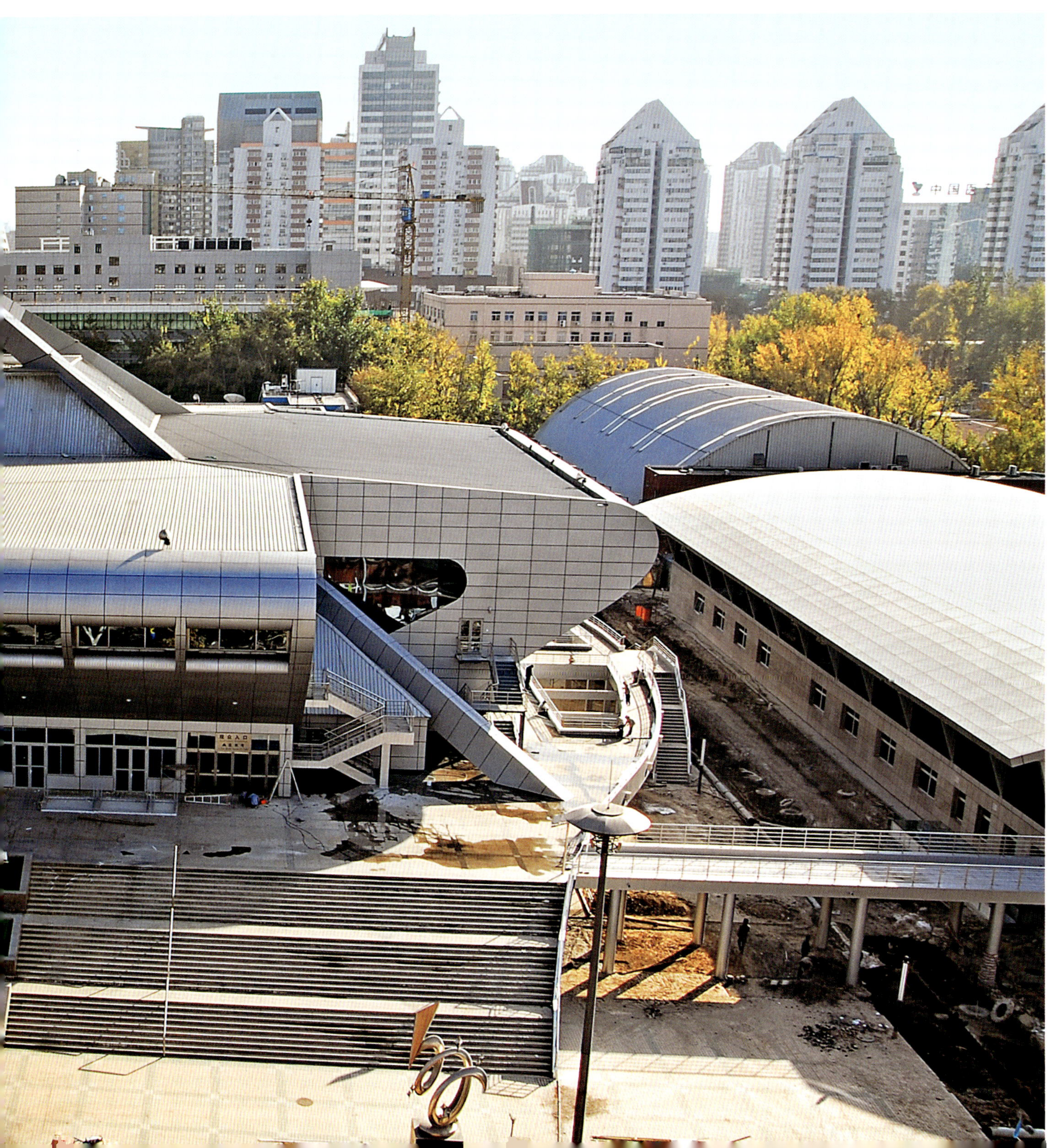

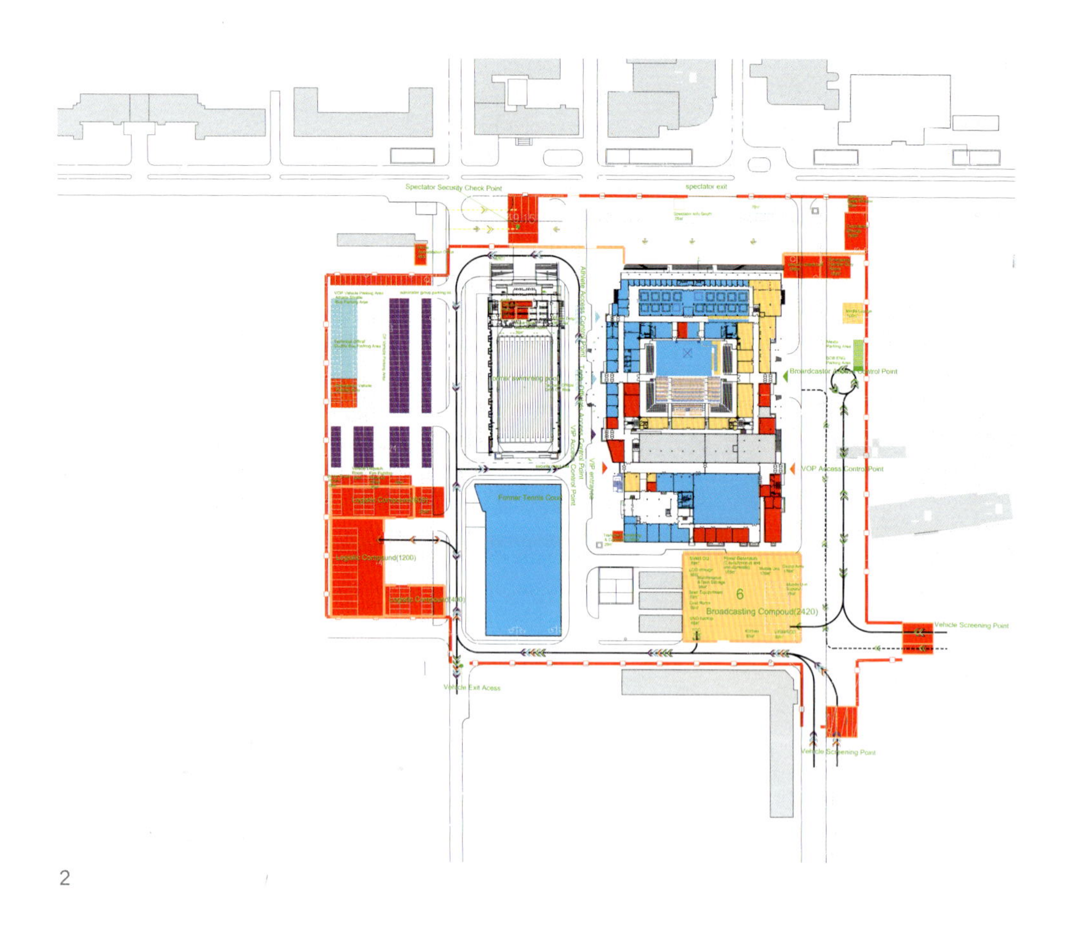

2

2 北京航空航天大学体育馆总平面图
3 北京航空航天大学体育馆首层平面图

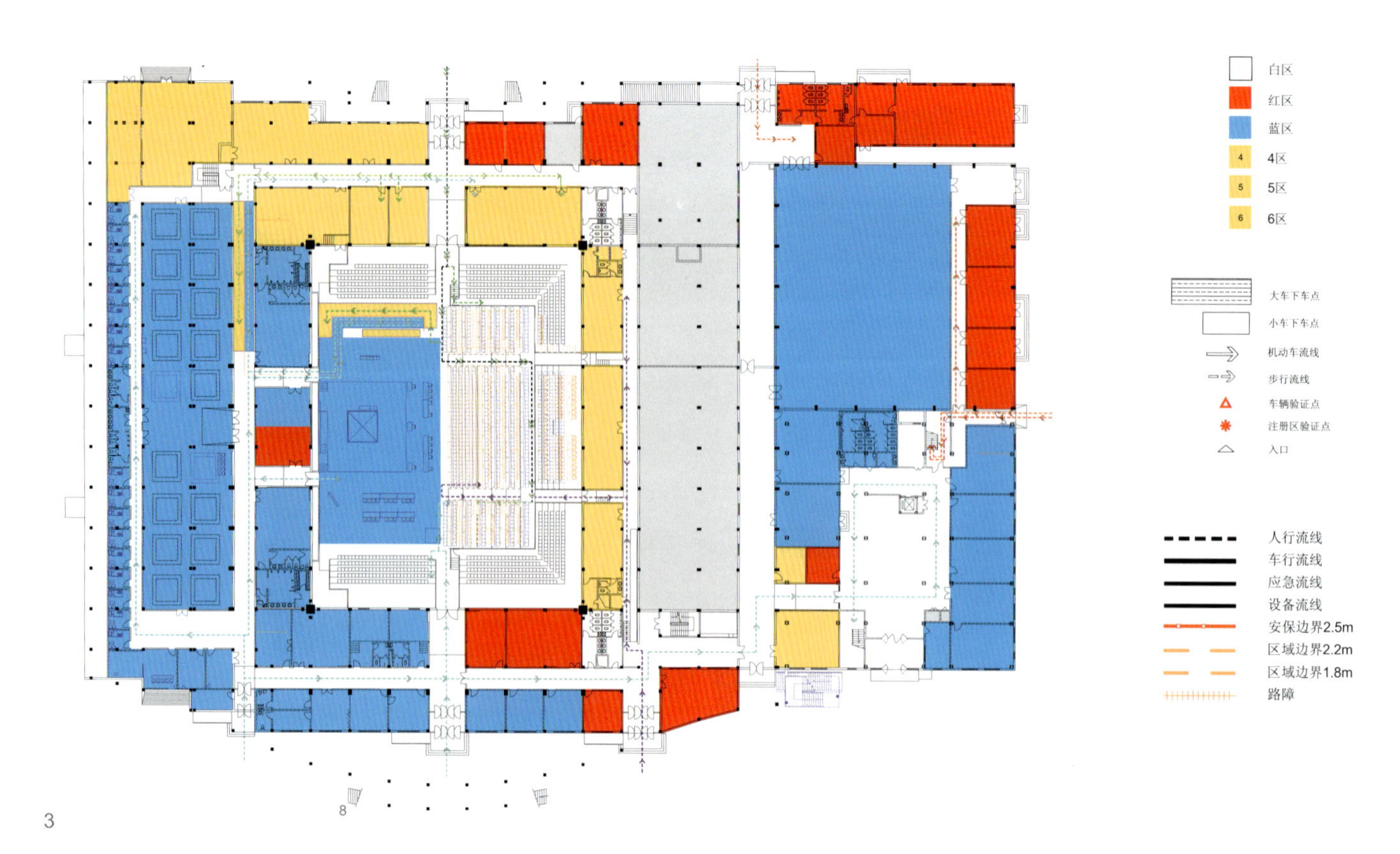

3

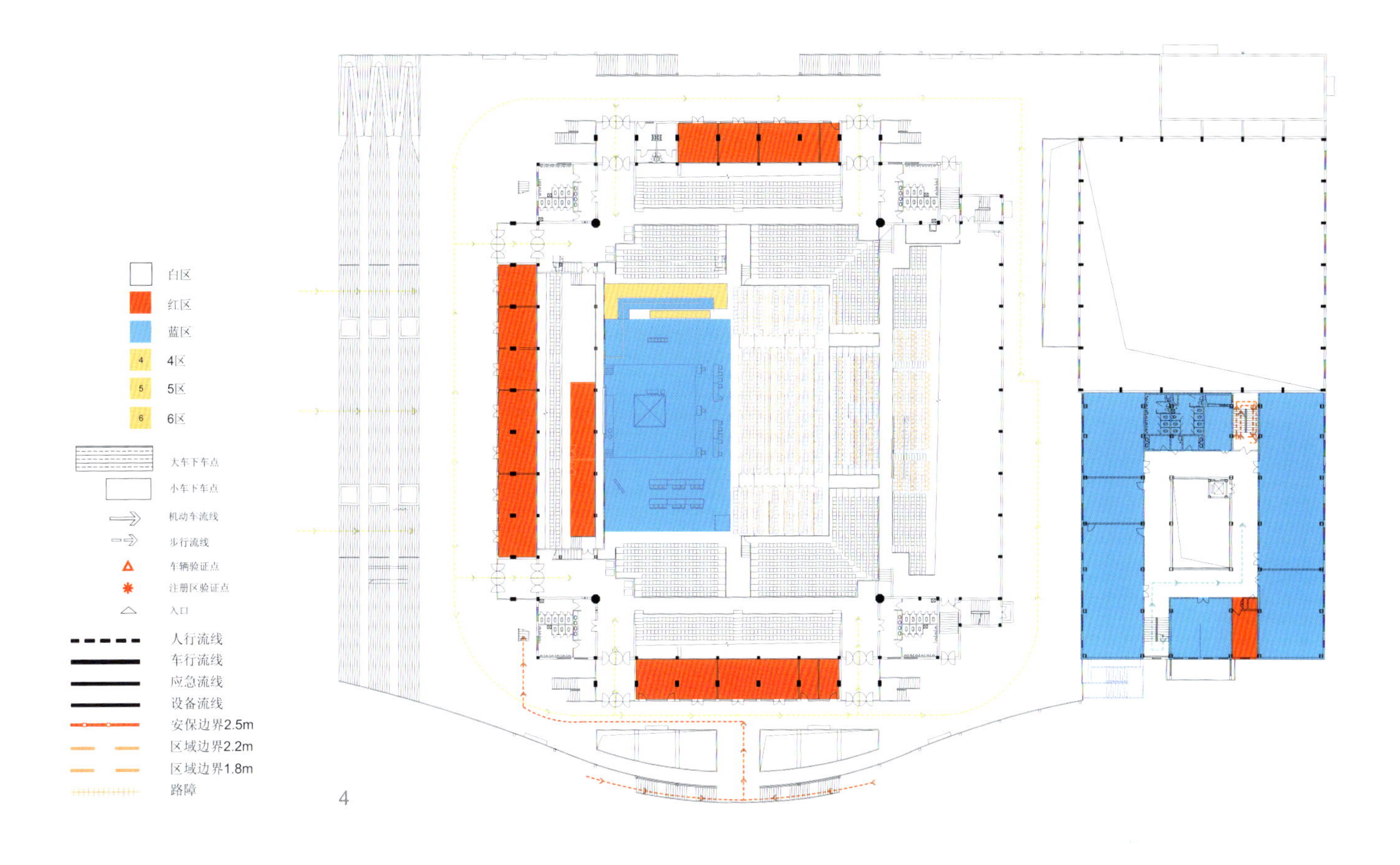

4 北京航空航天大学体育馆二层平面图
5 北京航空航天大学体育馆观众席平面图

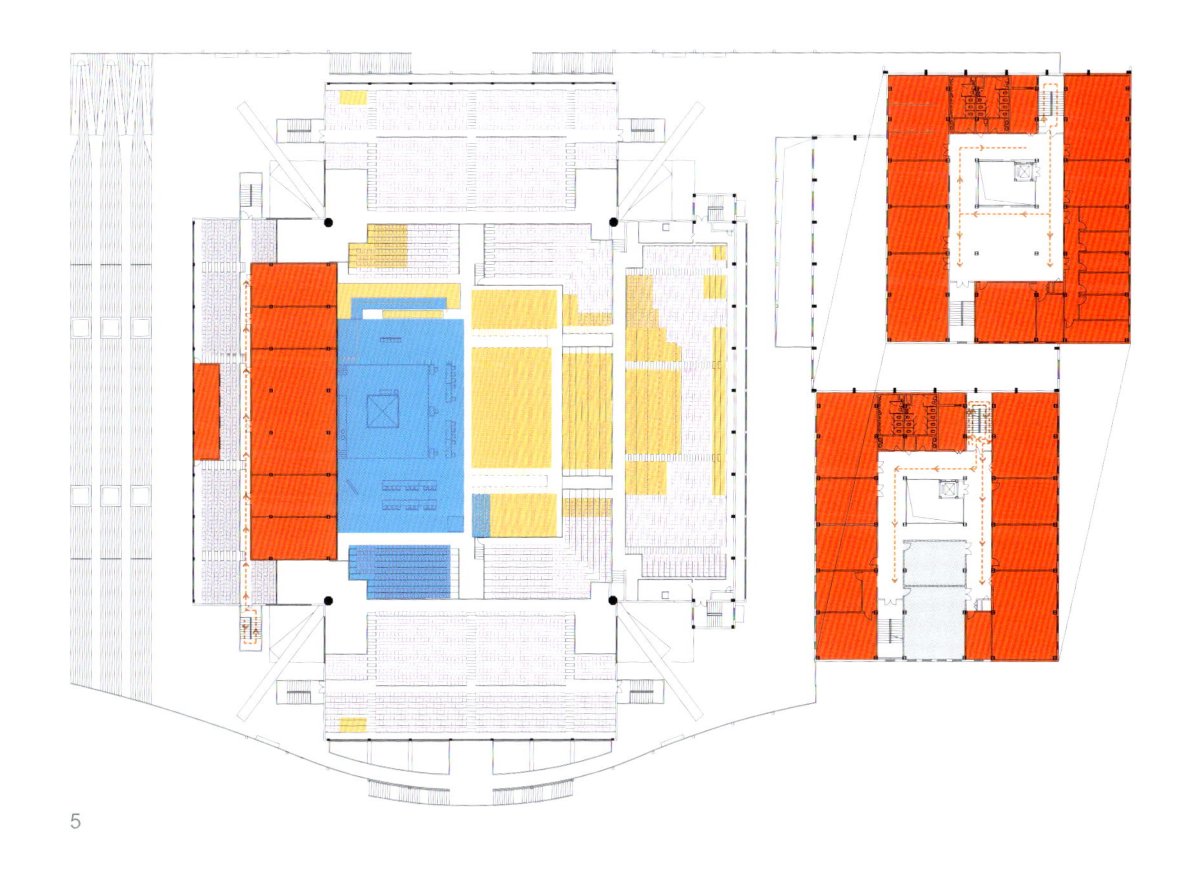

6

7

8

6 北京航空航天大学体育馆主入口
7 北京航空航天大学体育馆主入口景观
8 北京航空航天大学体育馆俯瞰
9 北京航空航天大学体育馆一角

北航体育馆是一个可安排除冰球外的所有室内竞技项目的多功能综合馆，曾先后承办了第21届大学生运动会排球比赛，全国女排联赛和世界男排联赛等重要体育赛事。在进行篮、排、羽毛球比赛时，可容纳观众4300人；进行手球、体操等比赛时，能容纳观众3740人；进行举重比赛时，能容纳观众5500人；集会演出时，可容纳观众4500人。

根据2008北京奥运会统一安排，改建一新的北航体育馆将作为举重馆使用，改建面积20989m^2，可容纳观众6000人。

二、改扩建内容

（一）总平面

安保界线内，以体育馆为界，北部为普通观众活动区（赛时前院），南部为竞赛、媒体及工作人员活动区（赛时后院），后院区域内西部为集中停车场及场馆管理活动区，东部为新闻媒体活动区，南部为媒体后院（BOB）及安全保卫活动区。

体育馆首层用作运动员及随队官员、竞赛管理、贵宾、新闻媒体、安保、场馆管理用房，流线合理、相对独立，独立出入口，互不

9

干扰。奥运赛时功能用房按竞赛管理、安全保卫、场馆管理，三部分布置，实现每个部门的房间相对集中，便于管理，部门之间既不产生交叉又有联系。其位置紧邻体育馆南面。位于体育馆北部分别布置了1号、2号安检大厅、观众服务用房等临时建筑，用疏散平台及围档形成相对封闭的观众活动区。

用地内的道路、停车场、绿地，除了进行局部调整外，基本保留了原有的格局。总平面布置满足了奥运赛时的使用要求，满足了消防及疏散要求。

（二）建筑主体改造

1）本工程利用原有体育馆及活动中心二期进行改建。将原体育馆由排球馆及多功能馆改建为举重馆，建筑面积16389m^2，建筑耐火等级一级，抗震设防烈度八度。主要安排运动员及随队官员用房、竞赛管理用房之赛事技术用房、新闻媒体用房、安全保卫用房、观众服务用房、贵宾官员及赞助商用房、场馆运营之电气系统用房。各部门设独立出入口（含安检）。

2）活动中心二期改建为功能用房，建筑面积4600m²，建筑耐火等级二级，抗震设防烈度八度。共四层，层高3.3m。建筑四层平面为 "回" 字形布局，房间四周布置中间为中庭及交通。在中庭处增设一部无障碍电梯。首层为安保用房，二、三层为竞赛管理用房，四层为场馆运营用房。各部门设独立出入口（含安检）。

3）改建后体育馆座位重新做了调整，座椅总数由原有4309座增加到6000座。原二层普通观众看台北面看台取消，改建为记分牌、大屏幕及部分功能用房。二层东西两侧看台原大屏幕及用房取消改建成看台，增加观众座席并在东西两侧各增加两部垂直疏散钢梯，南侧活动看台两侧增加临时活动座椅。首层场地内东、西及南面增加运动员、贵宾及媒体临时看台，北面为4m×4m举重台的比赛场地，以满足2008北京奥运会举重比赛的使用要求。

4）改建后体育馆原观众平台下停车场及库房将改建为20个运动员集中热身场地、体育器材存放间、运动员检录处及运动员称重室，房间按照功能集中布置，运动员流线简捷，方便管理。

5）场馆运营之电气系统用房的数据网络中心、固定通信设备机房、移动通信设备机房及移动固定通信技术人员办公位于体育馆首层。

6）临近体育馆西南角，原有网球馆赛时利用，作为举重运动员训练馆。

10

10 北京航空航天大学体育馆外环境之一
11 北京航空航天大学体育馆入口景观

11

12

12 北京航空航天大学体育馆外环境之二
13 北京航空航天大学体育馆无障碍坡道
14 北京航空航天大学体育馆内屋顶结构
15 北京航空航天大学体育馆内器械区之一

13

（三）道路系统改造

原体育馆周围校园道路宽度比较狭窄。由于奥运赛事体育馆西侧各部门入口比较多，车流量比较大，现有西侧道路比较狭窄难以满足赛时要求，需加宽，西北角运动员停车处增设12m宽道路。东部道路需延伸至校园南边界与知春路连通作为赛事机动车入口。

运动员停车位于体育馆的西北角邻运动员入口。除体育馆南部及北部有部分安保及媒体的特殊车辆停车外，其他各部门停车均安排在集中的停车场，位于体育馆西部现有篮球场内，方便管理。

场内道路设计将在原有格局基础上进行改造，改造后主干道宽度为12m，次干道6～9m，人行步道2.5～3m。采用城市型、立道牙、双坡向、沥青混凝土面层、灰土基层。道路转弯半径6～12m。

（四）流线改造

普通观众从校园东门步行进入临时安检大厅安检，安检

14

后可在封闭区域内自行活动，通过北面观众大楼梯及平台上到二层再进入观众席。

运动员车行从校园南门进入，从体育馆首层西北角运动员入口进入热身场地及比赛场地。

贵宾及赞助商车行从校园南门进入，从体育馆西面首层贵宾入口进入再通过贵宾休息室进入贵宾席。

新闻媒体人员车行从校园南门进入，停车后步行经体育馆东面媒体安检大厅，安检后可在封闭区域内自行活动，通过东面首层媒体入口再进入馆内工作区。

（五）无障碍改造

场馆内无障碍设施完善，新增加一部无障碍型电梯、建筑室外各主要出入口设置1.8m宽无障碍坡道、建筑室内有高差处搭设钢制无障碍坡道、新增加及改建的卫生间均设计无障碍厕位，设有残疾人观众席位。无障碍设施满足奥运会及残奥会的要求。

15

16

17

16~17 北京航空航天大学体育馆器械区之二、之三
18 北京航空航天大学体育馆观众席
19 北京航空航天大学体育馆比赛现场

18

19

OMEGA

（六）奥运配套功能改造

1. 运动员及随队官员

在体育馆北部设有20个举重台的运动员热身区及相应运动员休息室。场地与热身区之间设运动员更衣、桑拿淋浴、按摩、器材用房。

2. 竞赛管理

本工程为竞赛管理提供全面、周到的用房及设施。其裁判、记录员、仲裁、单项联合会、体育官员、赛事技术用房安排在临近比赛场地的最佳位置。出入场地设专用出口。其他国际举联、举委会、赛事管理技术用房等均集中于功能用房内。

3. 新闻媒体

本工程为新闻媒体提供先进稳妥的设备、设施和用房。媒体工作区、媒体服务区、媒体技术支持区基本安排在体育馆的东侧，相对集中，有独立出入口及安检口，及媒体后院（BOB）。媒体混合区及电视转播紧邻比赛场地。

4. 安全保卫

本工程为安全保卫部门提供安全可靠的硬件环境，组织好交通车辆人员流线，彻底分隔观众人流，确保场馆安全、高效、万无一失的运营。

5. 场馆运营

本工程为场馆运营提供全面、稳妥、高效、人文的运行环境，提供行政、技术、综合、联络等管理用房；保洁人员及垃圾处理用房；提供足够面积的设备用房：包括强电、弱电、自控系统，热力、制冷、通风空调、给排水、消防、维修、储藏用房。划分了注册中心、餐饮后备区、观众服务部署区、设备存放、技术设备包装存放、团队签到处、餐饮服务商、团队停车场等临时使用场地。

（七）赛后利用及恢复

北航体育馆在2008北京奥运会举重比赛后，将恢复为排球馆及多功能体育馆。首层场地内临时看台面积1090m^2，赛后部分拆除。举重台及后部看台上搭建的功能用房赛后拆除恢复原状。北航体育馆二期奥运赛时功能用房将恢复为教学办公。部分停车场及临时设施将拆除恢复原状。

20 北京航空航天大学体育馆赛场建设

21

22

23

21、23 北京航空航天大学体育馆座席区
22 北京航空航天大学体育馆赛场
24 北京航空航天大学体育馆赛场屋顶
25 北京航空航天大学体育馆比赛现场

24

25

沈阳奥林匹克体育中心 | Shenyang Olympic Stadium

项目名称：沈阳奥林匹克体育中心

建设地点：沈阳市浑南新区营盘12号

奥运会期间的用途：足球比赛

残奥会期间的用途：无

用地面积：253746m^2

建筑面积：37052m^2

总建筑高度/层数：82m/6层

固定座位数：60000个

建设开工时间：2006年3月1日

设计单位：日本佐藤综合计画（建筑方案）、上海建筑设计研究院有限公司（初步设计、施工图设计）

1

一、概况

沈阳奥林匹克体育中心是沈阳市为2008北京奥运会足球沈阳赛场规划建设的重点体育设施项目。项目的建设不仅满足了为2008北京奥运会提供足球比赛赛场的需要，更是作为辽宁中部城市群中心城市的沈阳市以后承接国内外高标准的运动盛会在硬件上奠定了坚实的基础：项目的建设将促进辽宁省、沈阳市体育产业和全民健身运动水平的提高，将完善提高沈阳市的城市功能和文化品位，建成后的奥体中心平时又可为广大市民的健身、娱乐、观光旅游提供良好的场所，并将起到拉运沈阳浑河以南区域经济发展的重要功用。

整个沈阳奥林匹克体育中心项目建设规划用地53.59hm^2（红线内42.95hm^2），总建筑面积约26万m^2，总投资约20亿元。先期分为两期建设，其中：一期目标是建能容纳6万人的主体育场一座；二期为能容纳1万人的综合体育馆一座（包括可以进行室内球类、体操运动的比赛馆和训练馆等）；能容纳3000人的游泳馆一座（包括室内水上运动游泳、花样游泳、跳台跳水、跳板跳水、水球的比赛池和训练池等）；能容纳3000人的网球馆及设有10片标准比赛场地，设有12片室外比赛场地。行政管理、业务办公和后勤用房，通用设备用房及其他公共空间等均包含于各场馆中。而在地块以北约10

1 沈阳奥林匹克体育中心立面
2 重建前的沈阳五里河金德体育场

2 

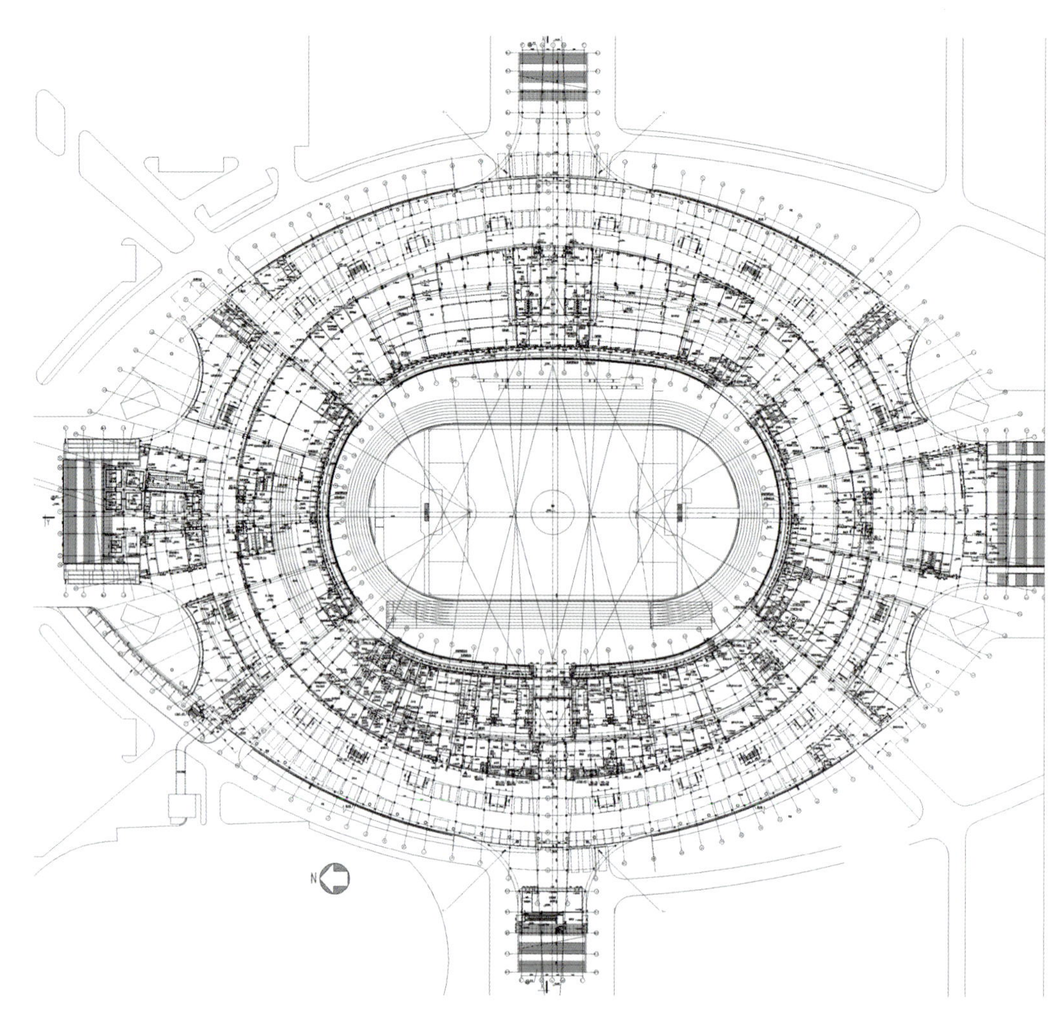

3 沈阳奥林匹克体育中心看台平面图

4 沈阳奥林匹克体育中心全景

5

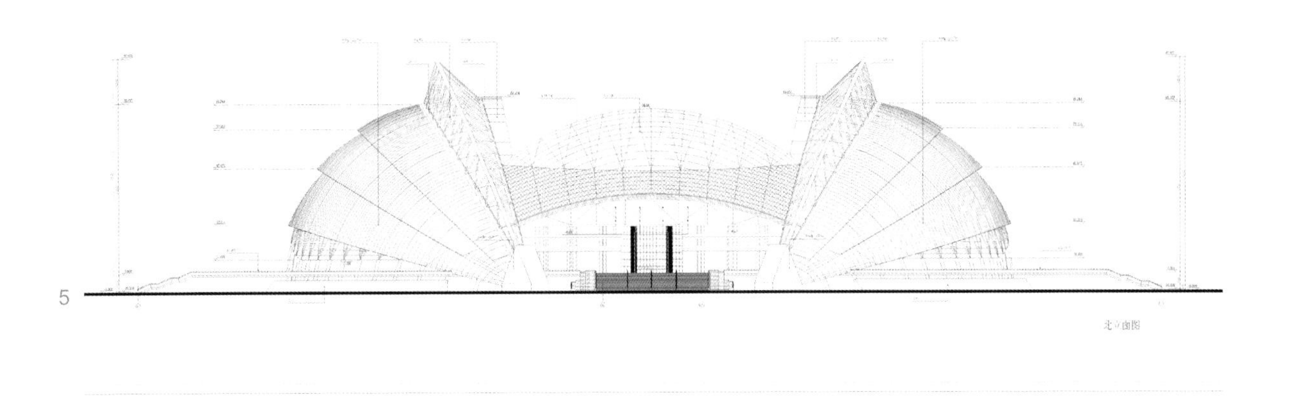

6

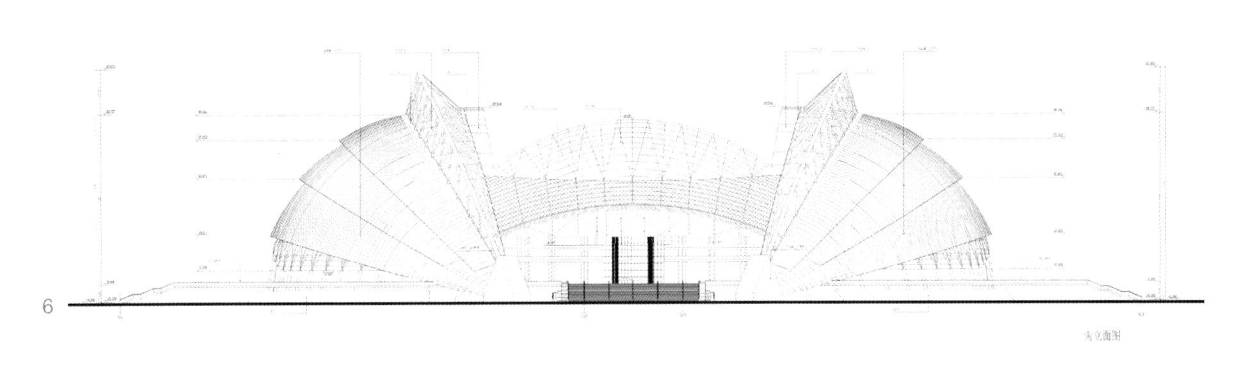

7

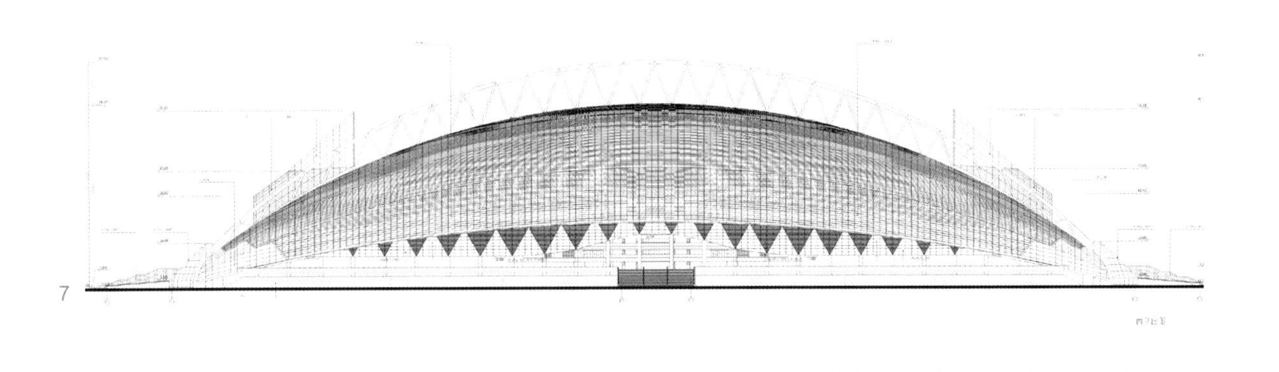

8

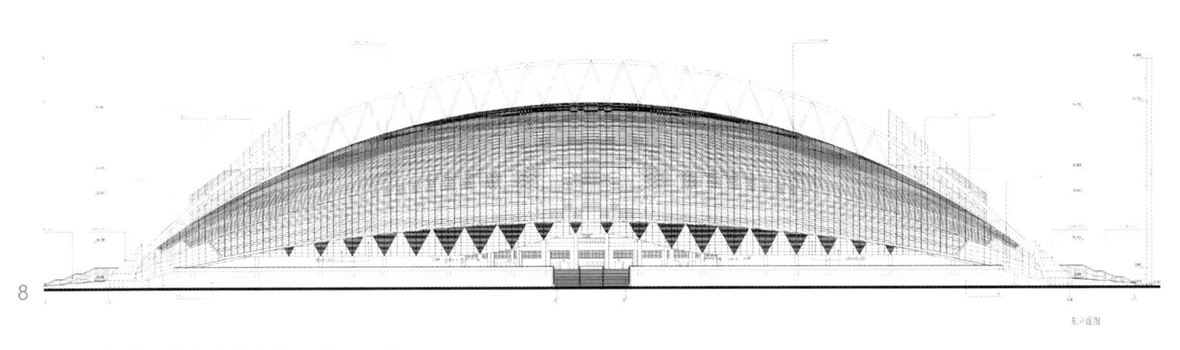

5~6 沈阳奥林匹克体育中心北、南立面图
7~8 沈阳奥林匹克体育中心西、东立面图

9 沈阳奥林匹克体育中心主入口之一

万m^2用地的三期发展更包括体育运动学校、训练馆、办公楼、综合接待楼等约20万m^2的辽宁体育训练中心。

二、建筑设计

（一）设计主旨

1.轴线设计及整体布局

首期建设53.59hm^2用地被城市道路划分为三块，沿着浑南中路，东向西依次布置了综合体育馆、体育场和网球游泳馆。以历史性和象征城市景观的“景观轴”为主轴，这条主轴向北一直延伸到沈阳故宫，以体育场为中心，以体育馆、游泳馆、网球中心等组成的庞大的建筑群体依次展开，相映成辉。在拥有个性设计的同时，还强调高度协调性与整体性。

建筑群以各自被称为“环状流线系统”的空中平台所承托开区分上下层次的交通关系，构成了具有统一感和整体性的规划设计。此外，我们所提出的基本设计主题——“明快的功能分区、合理的交通系统、优雅舒适的环境”，所指的不仅是此体育设施的建筑单位，还包括与周边环境相协调，有机的城市环境设计。

体育场用地为25.37hm^2。鉴于场地南北方向长度相对局促，体育场的整体布置尤其注重了南面主广场的空间尺度处理。主体南侧后退城市道路96m，形成了开阔的城市广场，作为赛时观众集散的场所，也提供了人们全角度观赏建筑的场所。而北侧，结合项目三期辽宁体育训练中心整体规划，预留了较为开阔的公共空间，通过城市设计的手法弥补了北侧空间尺度上的不足。东、西两侧则在外部空间尺度上形成了其余两个场馆在城市道路和体量组合上的协调。南侧广场向东西延伸，共同形成了城市的公共空间。

2.开放式峙环行大厅——“天空漫步廊”

被命名为“天空漫步廊”的二层开放式环形大厅，由玻璃素材和金属所构成的拱形屋顶所覆盖，并作为市民的交流场所，对观看比赛的观众和一般来客开放。此处拥有举办大型活动及庆典时所需的大空间，且在周边设置了大量的临时店铺和餐饮设施。人们能够自在地感受四季更替的光线，欣赏那泛着日光的池塘和美丽的绿地所构成的宜人景色。

10 沈阳奥林匹克体育中心主入口之二

11 沈阳奥林匹克体育中心入口通道

12 沈阳奥林匹克体育中心远景

13 沈阳奥林匹克体育中心屋盖全景

14 沈阳奥林匹克体育中心入口处近景

15 沈阳奥林匹克体育中心屋顶细部

（二）功能设计

1.平面设计

底层平面设计的原则是满足体育竞技工艺要求和人员动线组织，并达到最集约、最经济。采用成熟的立体及平面分流体系。除了观众以外的贵宾、运动员、裁判员、媒体、工作人员在一层形成各自功能体系，在首层平台下安排有环通的车道，使上述人员了以直接到达入口而互不干扰，其安全性、便捷性得到了最大的保障。功能分区简洁明了并且满足单项国际赛事的要求，已通过BOB的审查要求。

观众由东、南、西、北四个主入口广场，通过宽阔的大阶梯，进入6.0m标高平台，然后通过疏散口便捷、自然地进入各

16 沈阳奥林匹克体育中心场地局部之一

17 沈阳奥林匹克体育中心场内遮棚
18 沈阳奥林匹克体育中心场地全景

17

18

19 沈阳奥林匹克体育中心场地局部之二

20 沈阳奥林匹克体育中心场地局部之三

自的看台区，这过程是一个集各种空间体验、场所转换的时空体验，结合了聚集、安检、交往、享受比赛等一系列事件。

2.交通组织

人流：大量观众由城市公共交通设施到达体育中心，通过贯穿东、南、西、北侧的疏散广场到达体育场，并通过4部宽阔的大楼梯进入平台及观众席。主赛场的观众席总数约为60000席，观众看台被分为两个大的层次，中部为环绕全场一周的约100个包厢夹层以及公共卫生间等功能用房。其中二层观众席总数27000席，分为32个区，通过24个疏散大楼梯疏散到观众休息厅并至6.0m标高平台；包厢及贵宾包座共有观众2200人，有独立的电梯和楼梯，特殊情况下通过包厢层平台直接到32个疏散口并通过24部疏散梯疏散；主席台包座共有观众810人，通过贵宾区2部楼梯直接疏散到底层大厅。

贵宾、运动员、裁判员、记者、工作人员由东、西侧平台下专用出入口进入功能房间。

机动车流：场内机动车（主要为贵宾、运动员、裁判员、记者及工作人员用车、转播车、救护车等）通过平台下东、西两侧入口进入体育场底层宽7m的机动车环向通道，到达各自不同的出入口，与观众人流相对独立，互不干扰。观众车辆由北侧浑南四路进入停车场。人车完全分流。

3.光环境设计

美好的建筑也希望在夜暗中展示她的风采，不仅仅是为此刻活动的人们指明方向。伴随着兴奋、喧嚣的喝彩声，在夜色中展示别样的姿态。在靠近人们活动层面上，观众平台明亮的灯光被有意识地展示出来，暖色的灯光通过巨大的玻璃幕墙放射出光芒，平台栏板上也点缀了有韵律的光源。而巨大屋面的流畅造型则被仔细地刻画着。层层叠叠的屋面下，安排了冷光源的泛光照明，与金属屋面的冷峻感相呼应。灯具被巧妙地隐藏在屋架内，只有光线被引导出来。华灯初上，如同水晶宫般绚丽夺目，此时屋面仿佛消失了，漂浮在光带之上。而最高处巨型屋面行架被整体清晰地照亮，动感飞扬的结构体系被勾画出来。广场上灯具汇成了地面上点点星光，而巨大的体育场体量悄然消失，悬浮在这光彩的海洋中。

21 沈阳奥林匹克体育中心入口平台下的专用出入口

22 沈阳奥林匹克体育中心附属设施

23 沈阳奥林匹克体育中心停车区

（三）屋面造型与材料

1.屋面造型

以"天空与大地"为设计概念的体育场建筑，拥有柔软曲线的大屋顶，它全长350m。飞扬的屋面形成了本工程最具特色的识别特征，设计者赋予它胜利者水晶皇冠的涵义。东西两片屋面从地面升起并将观众平台巧妙地罩住，简单而富有变化，向内场则展示其恢宏的一面；南北的屋面则起到了过渡、衔接的效果。具有柔和舒缓曲线及独特个性的体育场大屋顶，仿佛从天空飘落到宽广的绿色山丘上的轻盈翅膀，与周边倾斜的草坡相衔接，整体上融为一体，与漫步绿色的周边环境相互协调。这种新型体育中心的建筑群，不仅作为生态建筑，也作为新的城市标志为沈阳的建设增添新的气息，统领区域空间。

24 沈阳奥林匹克体育中心屋面结构

2.屋面材料

屋面材料的选择充分考虑到适用性和经济性的结合，主要防水层为0.9mm铝镁锰合金的直立锁边系统，最外层则遍铺开缝系统的蜂窝铝板，最好地适应了屋面变化的曲线，使整个屋面更加圆润、光滑。

考虑到田径场地的特殊性，必须尽量避免太阳阴影对场地草坪生长产生的影响，为此大屋顶覆盖了观众席的2/3。为确保充分的采光面积，采用了玻璃、阳光板和复合金属组合的屋顶。这种屋顶宛如会呼吸的皮肤一样，能适应四季气候的变化，也可有效地调节光、热和通风，创造出理想的竞技环境。这与沈阳的城市环境建设的自然和生态相结合的主旨相一致。阳光下几种材料以其质感、反射状况不同，组合出丰富的韵律变化。

25 沈阳奥林匹克体育中心飞扬的屋面结构

三、设计中的新颖、独特、难点之处

1.工期短

本项目一个最大的特点就是时间紧张。在几个奥运场馆中是最晚开工的。针对此特点，设计将混凝土与钢结构屋面

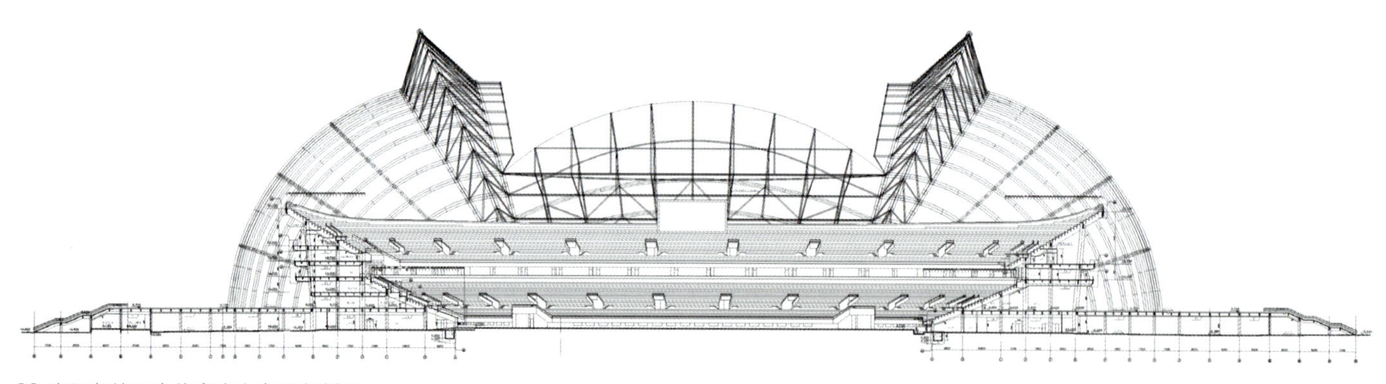

26 沈阳奥林匹克体育中心东西向剖面

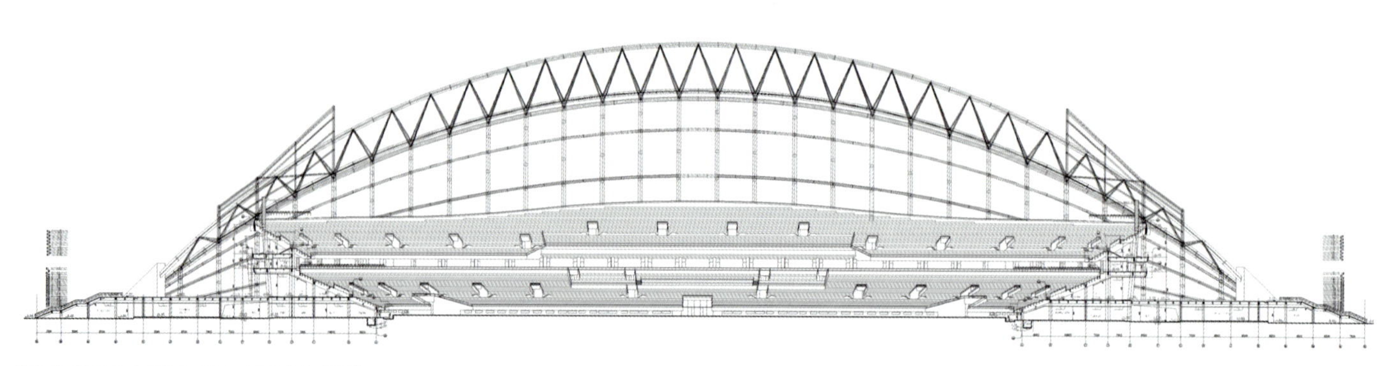

27 沈阳奥林匹克体育中心南北向剖面

28 沈阳奥林匹克体育中心看台剖面

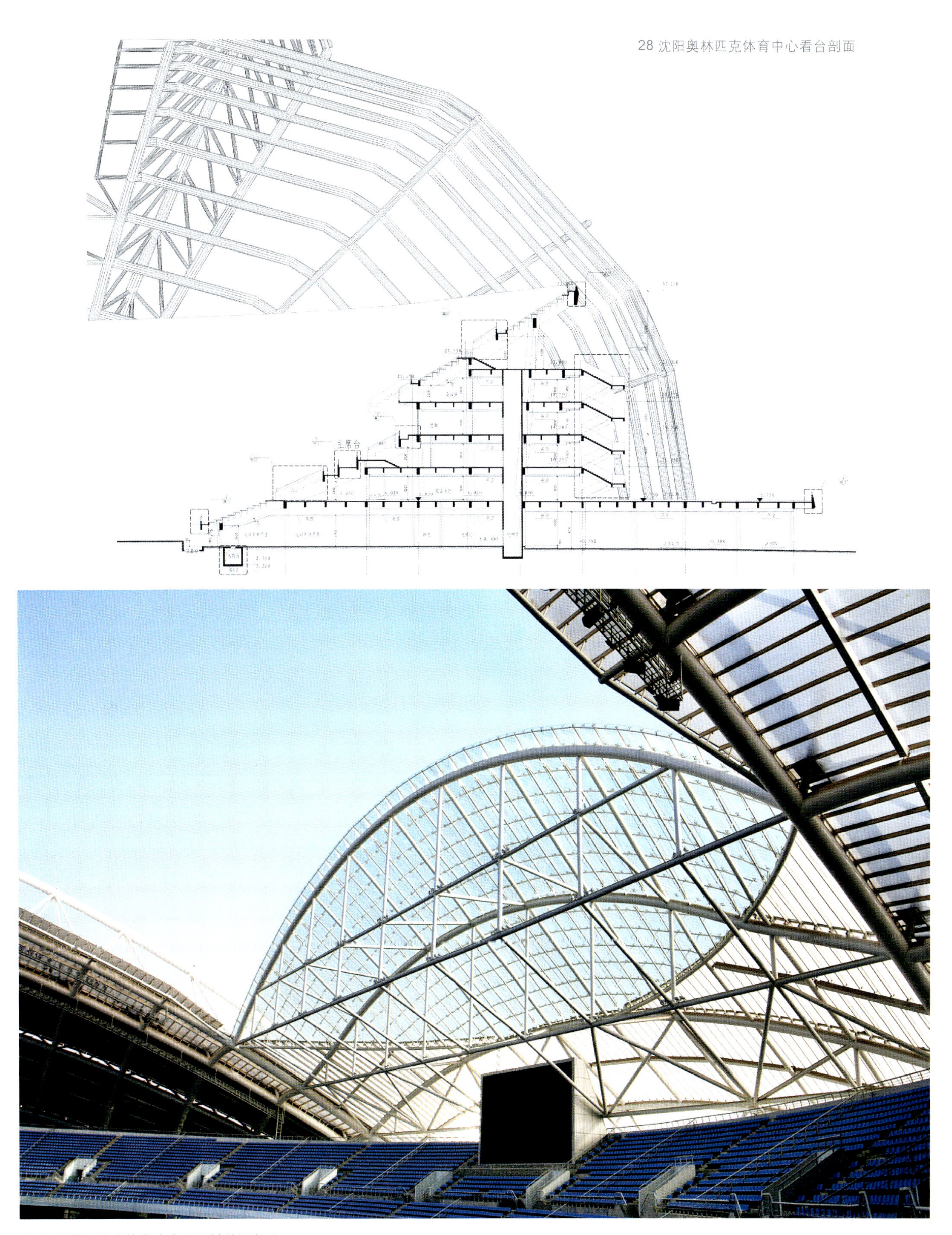

29 沈阳奥林匹克体育中心屋面结构细部之一

30 沈阳奥林匹克体育中心屋面结构细部之二

体系完全分开，结构体系清晰，在工程进度上最大限度地争取了时间，同时也很好地实现了建筑造型方案。

2.屋面结构选型

屋面结构为大直径钢管组成的单层空间构格体系，南北整体跨度全长360m的钢结构行架主拱在国内所有钢结构工程中为第一跨度，垂直高度最高处为82m，每个主拱墩水平推力约3600t。经过不懈的努力和设计创新，以所有的基础梁连接在一起形成刚性网片来承受四个钢结构主拱墩的水平推力。众多主拱钢结构管件在尽端会合处，展现了力量释放之感，造成了强烈的视觉冲击。

3.钢结构

钢结构为大口径钢管，构件采用相贯焊接工艺，内部结构构件全部裸露，结构在这里不仅仅作为支撑或维护的构件，而是作为空间营造的积极手段介入进来，轻盈、悬挑、弯曲、延伸、高耸——钢结构的力学特征和结构美学得到充分，完美的展现，充满了理性与浪漫交织，展现出力量与流畅的美。其形式震撼着观众的心灵与视觉，隐喻运动员的精神与情感，向他们自信、技能、向极限挑战的决心致敬。

4.看台板

在重点解决了模板和隔离剂研制等技术难题的前提下，体育场采用了预制混凝土看台板的技术。看台板由2000多块不同规格的高质量清水混凝土板组成，最大跨度达到13m，整体吊装，一次成型，光滑平整。在体育场整体混凝土结构中，靠预制看台板和框架梁、框架柱的结构框架来抵抗地震力。

31 沈阳奥林匹克体育中心屋面结构细部之三

5.疏散设计

在研究体育场消防安全疏散设计的过程中，通过结合同济大学钢结构防灾研究中心所做的体育场钢结构安全性能化评估，来进一步检验最初在相关规范的基础上根据经验所优化的计算方法计算出的数据，结果基本一致，说明了我们在体育场疏散设计中积累的经验和计算方法安全有效；同时满足了钢结构保护的经济性。这个疏散的时间也通过了体育场建成后由业主单位组织的千人实地疏散试验的检验，和体育场投入使用后的观众真实散场时间的检验。这些宝贵的数字资料值得总结并为以后更多的同类项目提供技术支持。

6.多功能的经营使用和各专项设计工艺的配合

目前体育场馆的多功能使用和经营已经形成了一项专门的研究课题，市场化运作和以场养场的经营理念深入人心，使得在设计体育场的过程中，除高标准的球场、跑道、观众

32 沈阳奥林匹克体育中心结构细部之一

33 沈阳奥林匹克体育中心结构细部之二

34 沈阳奥林匹克体育中心结构细部之三

席、技术机房等外，充分考虑了功能的复合及发展的弹性，将本体育场功能性用房定性划分为三类：

一类用房：此类用房的功能涉及整个体育场最基本的功能保障和实现而必须的用房；二类用房：是体育竞赛必须使用的功能性用房，但平时可以用于开发，在需要的时候，须能够在短时间、低成本的条件下恢复原有功能；三类用房：仅针对奥运会等高水平赛事，对各竞赛场馆功能性用房的要求高于其他体育竞赛。因此，部分功能性用房在奥运会后将不会再用于竞赛或大型活动，为使这部分建筑空间充分满足运营功能的需要，赛后可永久改变其功能性质，改造成为长期开发用房。

35 沈阳奥林匹克体育中心结构细部之四

上海体育场 | Shanghai Stadium

项目名称：上海体育场
建设地点：上海市徐汇区天钥桥路
设计单位：上海建筑设计研究院有限公司
奥运会期间的用途：足球比赛
残奥会期间的用途：无
建筑面积：170000m²
固定座位数：56000个
临时座位数：10000个
建设开工时间：2006年10月

1

一、 概况

上海体育场坐落在上海徐汇区天钥桥路666号，上海东亚体育文化中心地块范围内，地处内环线高架、沪闵高架入口处，位于上海西南部地铁1号、4号线和内环线交汇处，距徐家汇商业中心仅百余米，场地占地面积为3.6万m²。体育场于1997年建成，曾作为第8届全国运动会的主赛场。

上海体育场采用了当时世界上的诸多先进建筑成就，反映出强烈的时代气息，被点缀在绿草如茵，繁花似锦的宽阔广场中，犹如绿叶烘托着一朵巨型的白玉兰花朵。体育场分别于1998年、1999年被评为“上海市最佳体育建筑”，获“新中国50周年上海十大经典建筑金奖”，是上海的标志性建筑之一。近十年来，上海体育场承接了各类大型国际国内运动赛事和各项重要活动。2008北京奥运会组委会决定，奥运会足球预赛的部分比赛将安排在上海体育场举行。

二、改扩建内容

经过了近十年的使用，体育场部分设施不可避免地损坏、陈旧，很多设施已无法保持国际先进水平。同时，奥运会在体育场的安全性能、技术性能、无障碍设施和服务等方面都提出了更高的要求，对上海体育场实施大修改造势在必行。

本次上海体育场改扩建以功能提升、更新达标、确保安全、环境整治、节约与完善并重为宗旨，从新增功能、提升功能和适度翻新三方面着手，通过对体育场主体、安全防控

1 上海体育场全景
2 改造前的上海体育场鸟瞰

2

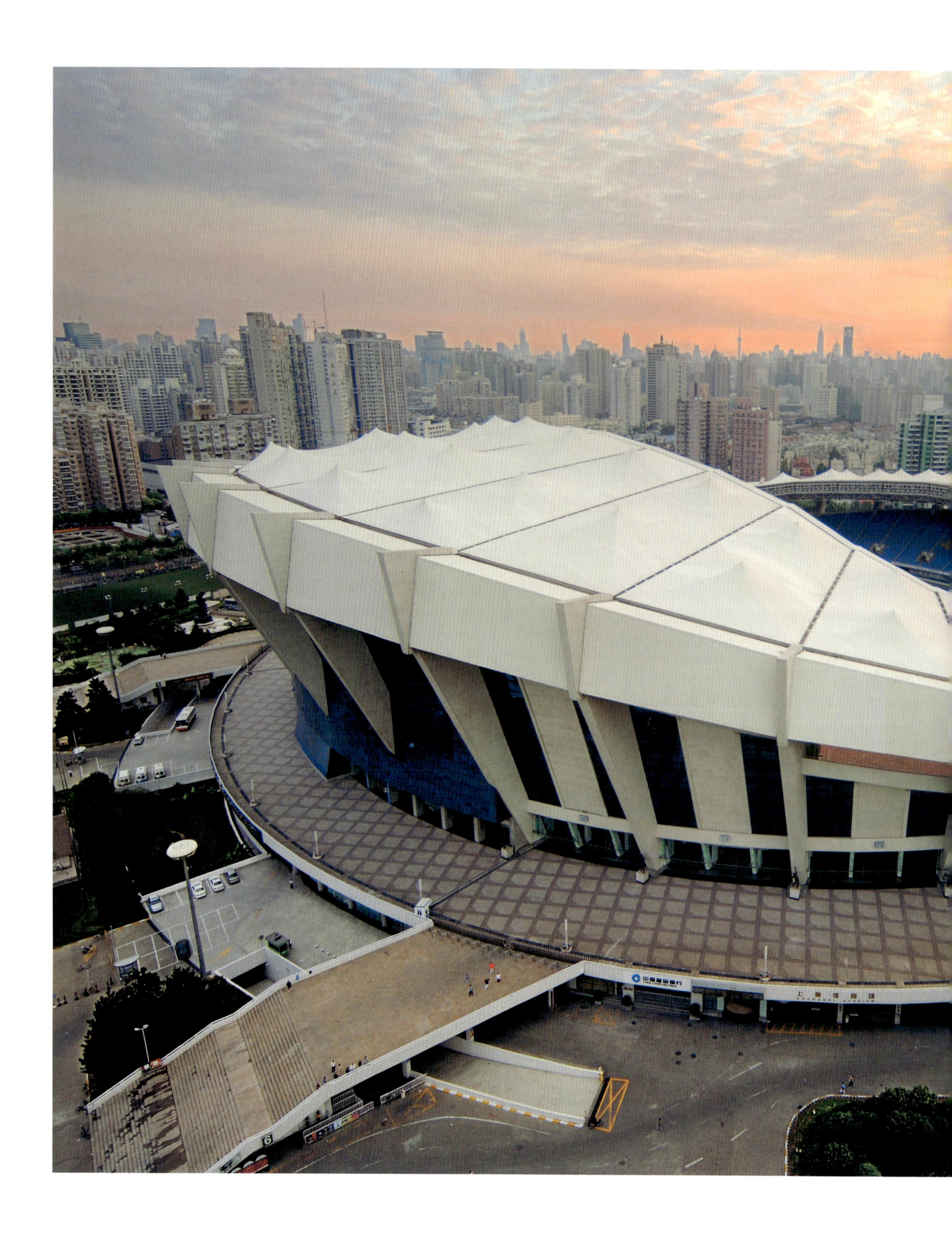

3 上海体育场鸟瞰

系统、训练场、外场环境等的大修改造，使上海体育场在设施设备和整体环境上具备目前国内外新建体育场相同的赛事必备功能，居于全国一流和世界先进水平，满足举行大型赛事开、闭幕式和足球、田径等国际大赛的要求。

新增功能：根据安全防恐、赛事场地标准、交通车流、媒体报道等新要求的提出，对目前体育场不具备的功能进行设施设备的配套改造。

提升功能：随着技术进步，体育场部分设备设施进入了淘汰期。同时，随着环保要求提高，相应设备设施需要达标改造。

适度翻新：为了凸显处于上海这个国际大都市中心区域体育场馆的整体形象和风貌，对建筑主体灯光、外立面、内场座椅等进行局部改造整修。

改扩建工程主要针对体育场主体、安全防控系统、训练场、外场环境等进行。工程于2006年10月开工，2007年6月底基本竣工。

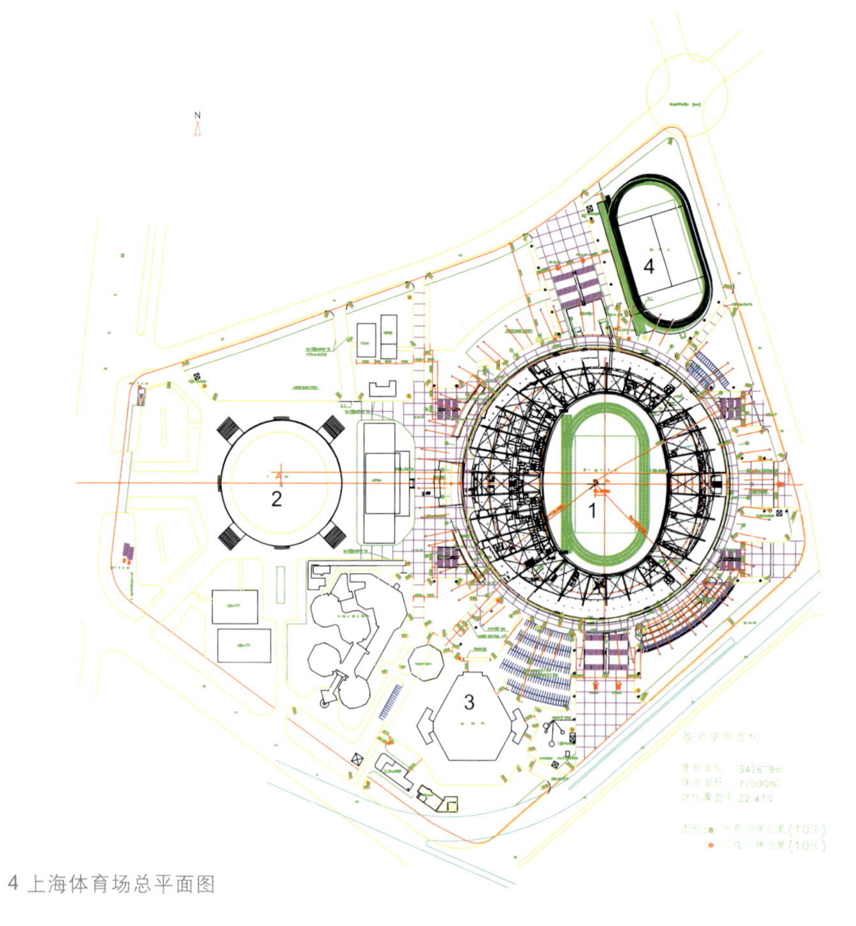

1 上海体育场
2 上海体育馆
3 游泳馆
4 练习场

4 上海体育场总平面图

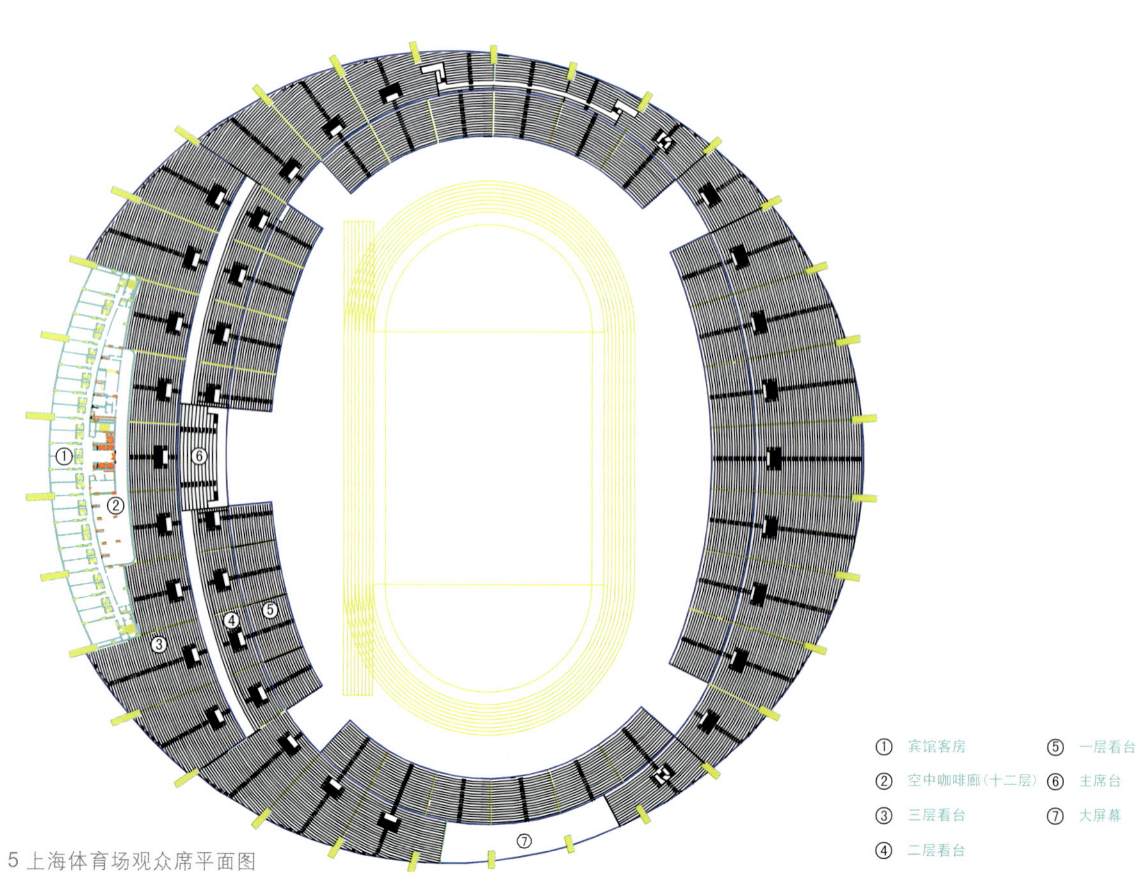

5 上海体育场观众席平面图

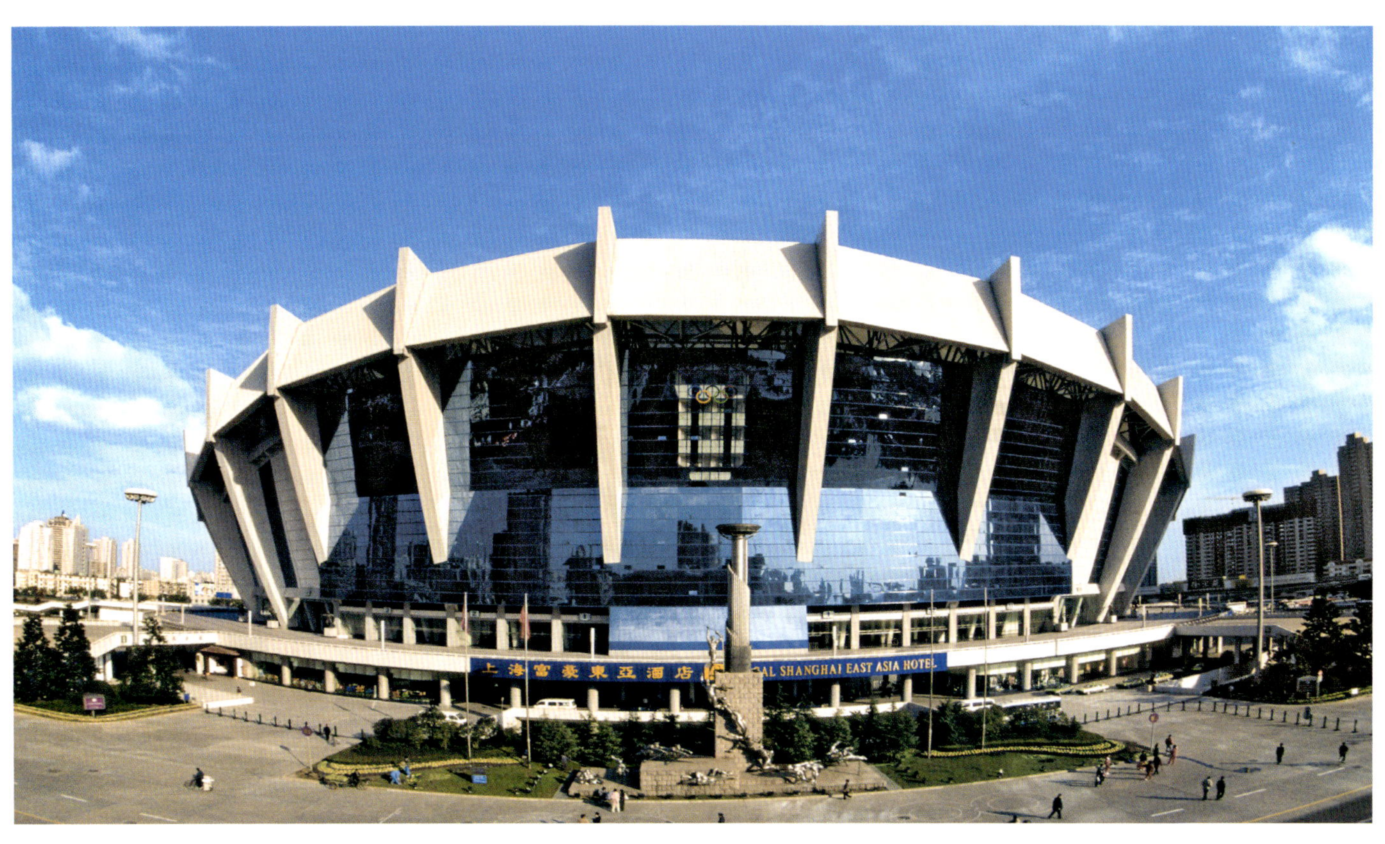

6 上海体育场正立面

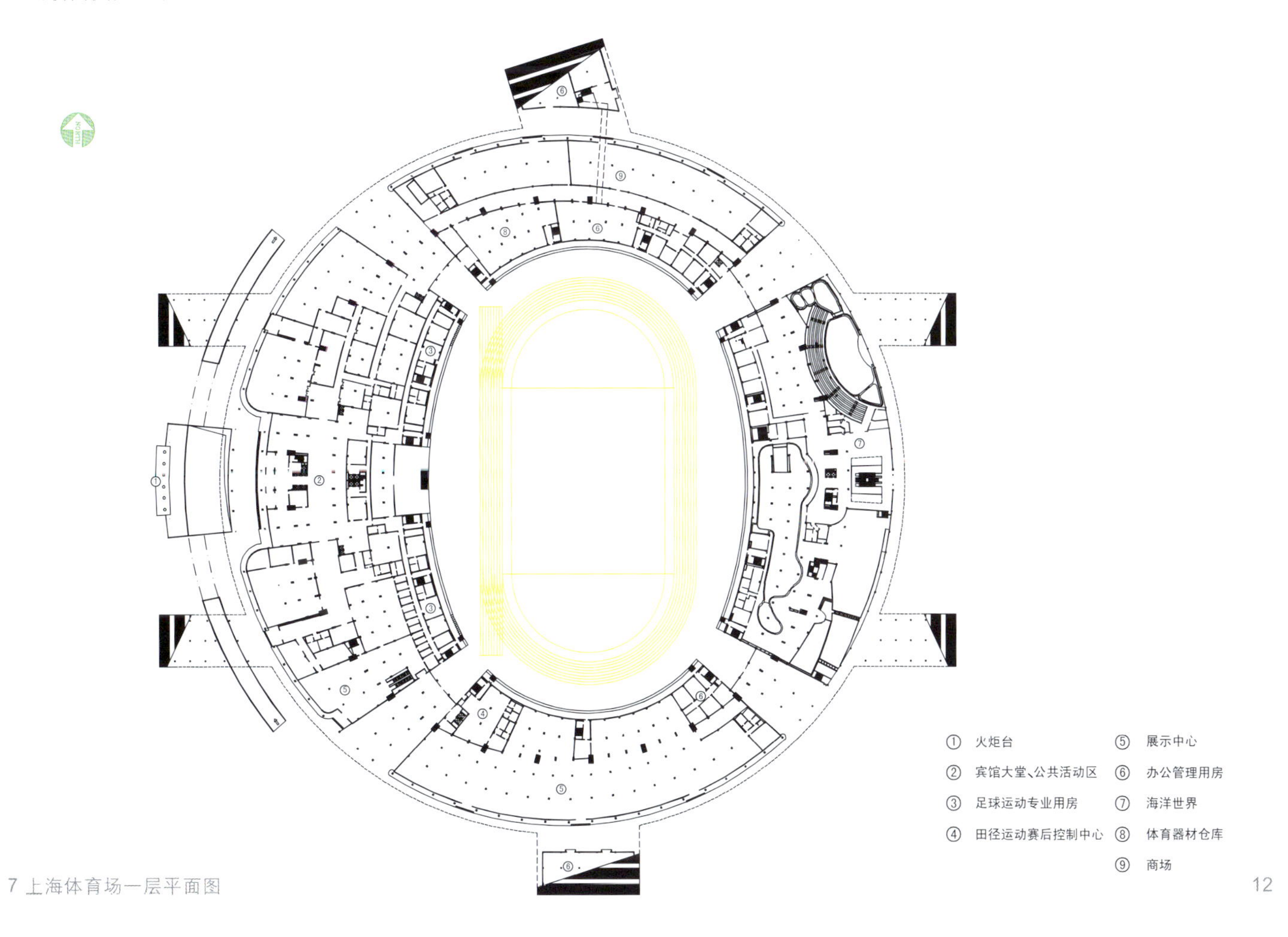

7 上海体育场一层平面图

12

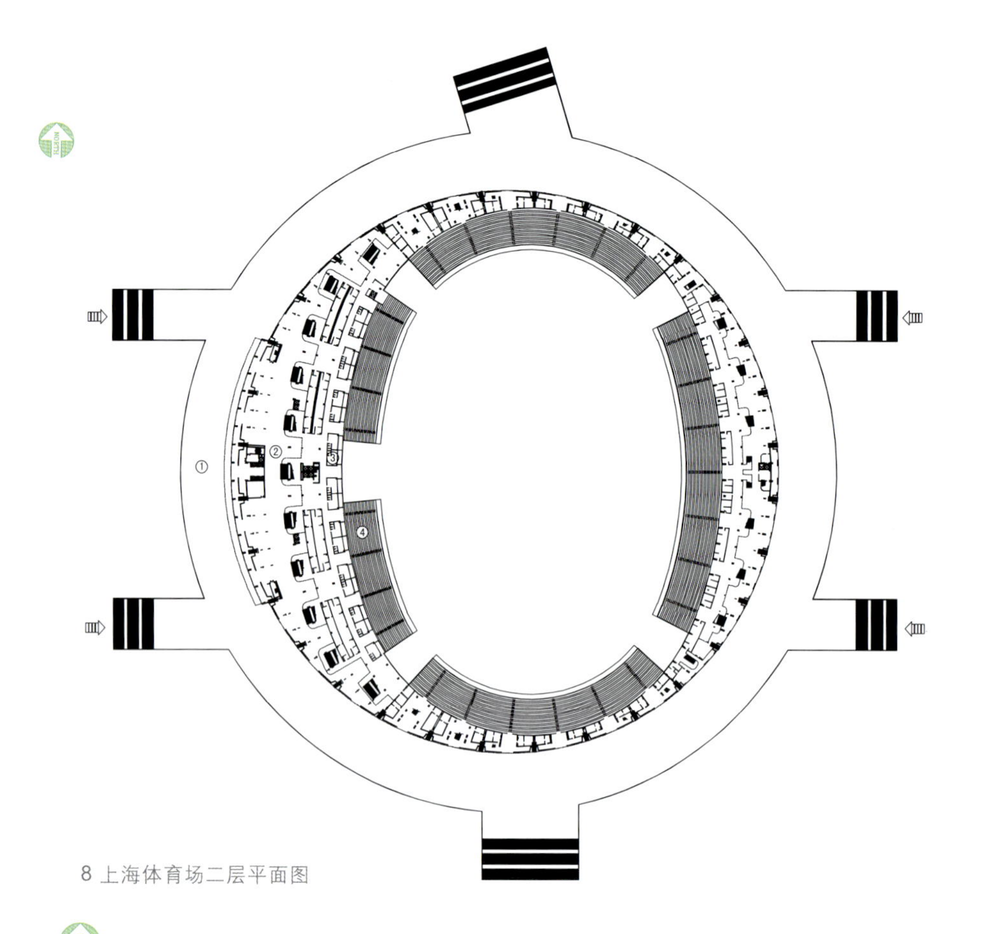

① 大平台

② 观众休息厅

③ 包厢

④ 一层看台

8 上海体育场二层平面图

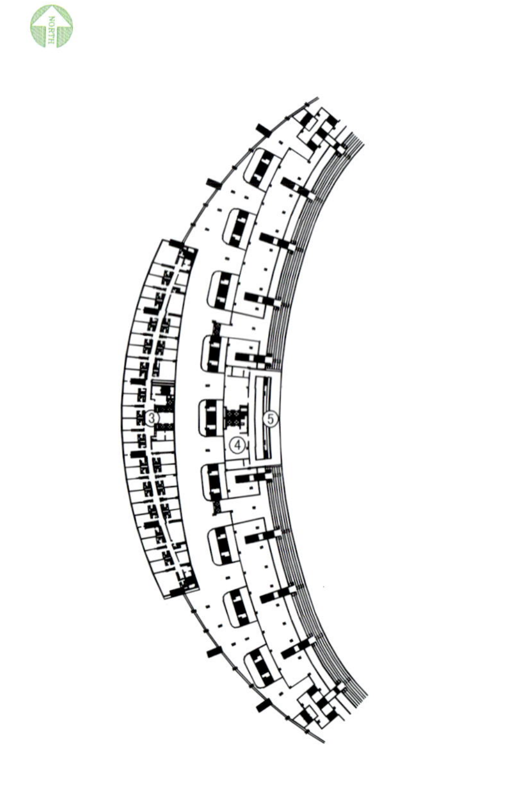

9 上海体育场四层平面图

10 上海体育场三层平面图

① 包厢

② 观众休息廊

③ 宾馆客房

④ 主席台贵宾休息厅

⑤ 主席台

11 上海体育场入口坡道

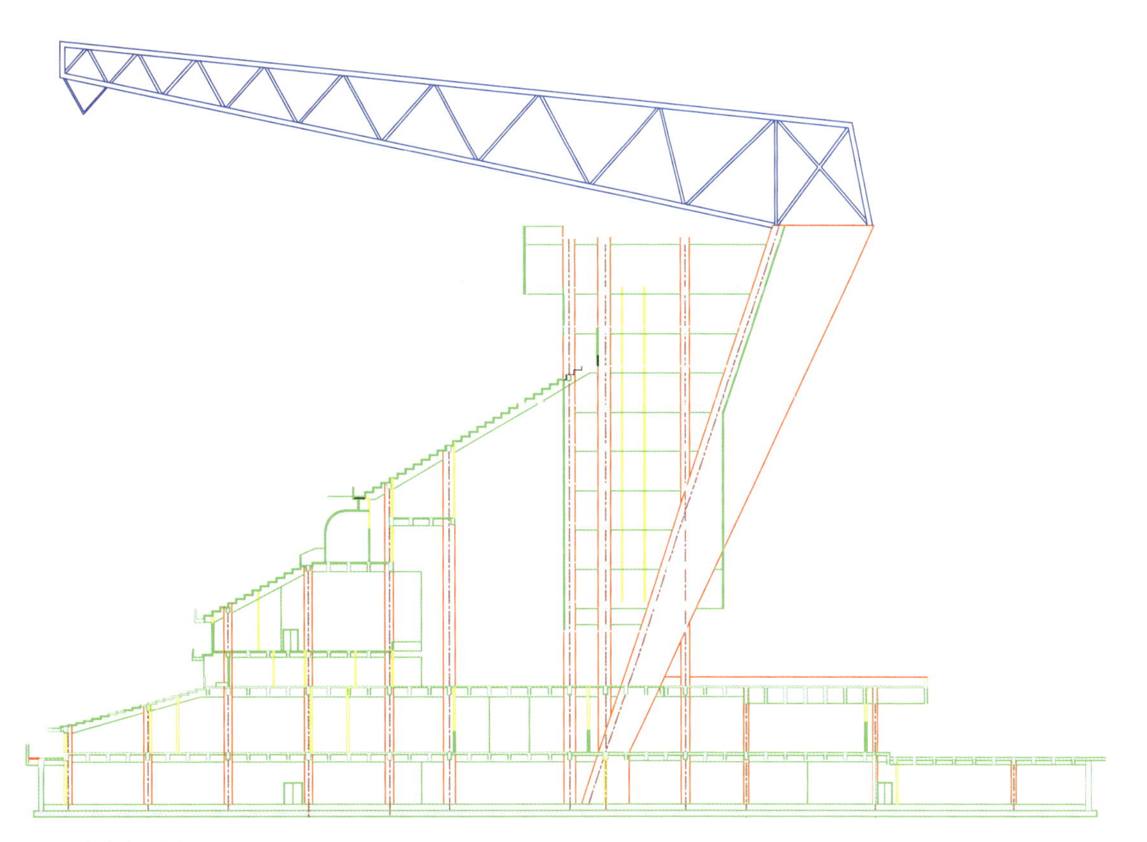

12 上海体育场剖面图

（一）体育场主体

1．媒体区域改造

（1）媒体专用席看台改造，设20个包厢区域，约为500m^2；

（2）文字记者公共新闻区、摄影记者公共新闻区划分及装修，约为2000m^2；

（3）新闻媒体办公室划分及装修，约为1000m^2。

2．贵宾区域整修

（1）主席台贵宾区域精装修，约为500m^2；

（2）地下车库贵宾区域装修，约为1200m^2；

（3）贵宾区4台电梯安全检修。

3．大屏幕全面升级改造

原有大屏幕已老化，需更换。采用"全彩屏+双基色屏"的大屏幕方案。大屏方字信息显示面积>200m^2。

4．球场照明系统升级达标改造

体育场内400套更换为新型高效体育照明专业灯具（2kW/套）。改造后，灯光照度水平达到2000 lx，垂直达到1400 lx。

5．竞赛跑道面层更换

目前上海体育场内及训练场内场地存在不均匀沉降，跑道已陈旧。其中沥青层已使用10年，强度和粘合力均不能达到比赛要求。须将原塑胶跑道沥青层全部更新，并对水淬渣二渣进行重新碾压与修补。更换跑道面积约为15000m^2。

6．主体结构、场内钢结构安全性检测及屋面钢结构阻燃涂料重涂（重涂面积约为7.5万m^2）。

7．主体建筑外墙面（包括外墙面、大扶梯墙面及平顶、周边栏杆）及4个通道等。

8．弱电系统达标升级

9．座椅更换

对体育场内约5.5万个观众座椅及4000个VIP及主席台座椅进行更换。同时根据奥运会要求，新设内场临时座椅1万个。

10．对体育场玻璃幕墙及大扶梯进行加固、翻修

11．运动员及观众区域维修整新

（1）运动员、教练员活动区域和竞赛管理区域的划分及装修，约为3500m^2；

（2）安全保卫区域划分及装修，约为330m^2；

（3）观众休息厅及配套卫生间（约为39000m^2）装修。

12．对体育场和训练场内草坪喷灌设备（喷头及管道）进行更新。

13．四个通道的厕所（约为500m^2）翻新改造。

13 上海体育场场地内景
14 上海体育场场内一角
15 上海体育场主看台

13

14

15

16 上海体育场俯瞰

17 上海体育场屋顶与场地之一

18 上海体育场跑道

19 上海体育场屋顶与场地之二

（二）安全防控系统

1. 安全检查系统

依据奥运会安全运行的要求，实行“两次安检”——在东亚体育文化中心的出入口设置车辆摄录安检和人员进入检查系统；进入体育场主体场地内实行安全检查。

2. 增设检票系统

3. 安保系统升级改造

4. 安保指挥中心及消防系统改造

体育场原消火栓系统只有直接启泵信号，消防报警系统不接受其动作信号。为了提高消防的安全等级，对原有消防系统（包括计算机房的消防系统）进行升级改造，并将消火栓系统反馈信号接入消防报警系统。

（三）训练场

1. 训练场增设照明系统

依据奥运设计大纲和BOB（主转播商）的要求，需在训练球场增设照明系统，照度达到500 lx。

20 上海体育场从观众席看场地

21 上海体育场夜景之一

22 上海体育场夜景之二

飞洲国际

24

25 由上海体育场眺望上海体育馆夜景

26

27

将体育场更换下来的照明灯具用于训练场照明系统。工程新建30m的灯杆6组，每组安装灯具32套。

2．新建训练场辅助用房

依据奥运会的要求，需在训练球场旁新建辅助用房。新建辅助用房为单层建筑，建筑面积为1000m^2，包括运动员休息

23（见前两页）、24、26、27 上海体育场夜景

28 上海体育场与上海体育馆全景

室、运动员更衣室（含淋浴、厕所）、管理办公室及库房等。

（四）外场环境

1. 环境道路整修

（1）14号主入口增加人行道、确保通道口人车分流，形成有序、优化的道路环境；

（2）由于受到各单体建筑的不均匀沉降的影响，造成部分路面有开裂及不平整现象，需进行整修。

2. 完善标识系统

（1）在17个主出入口设置场地地图显示系统；

（2）在整个区域范围内增加道路交通标识系统（包括地面和悬挂系统）；

（3）设置各类信息查询系统；

（4）场馆内出入引导标志；

（5）内场增设奥运中英文图文标识系统。

工程涉及保安亭、道路指示牌、垃圾箱、户外落地灯箱、售货区、小售货亭、售票区及位置指示牌等室外设施的标识功能改造，以及新增休息区、灯柱等具有标识功能的设施。

3. 灯光工程

（1）景观灯光

以上海体育场轮廓为重点的景观灯光改造，展现出整个体育场馆群的璀璨、优雅、亮丽。

灯光工程包括体育场灯光工程和东亚展览馆灯光工程。

（2）外场照明

采用低能耗的照明灯光，将外场分散照明变成集中控制，提高色度、亮度，给停车、人行、安全监控、BOB转播等创造更好的外场夜间环境。

（3）道路照明

地块内目前没有道路照明系统，新设照明路灯，以杆柱式路灯为主，路灯光源拟采用金卤灯。在灯具布置方面，根据路幅及现场情况采取不同布置方式。较宽路段（如5号、6号和17号门等进出车行道）采用双侧对称排列为主；弯道、交叉路口等以单侧排列为主；停车场部位则以满足使用为主，根据实际情况合理布置。

4. 锅炉房改造

为减少污染，降低烟囱高度，改善景观环境，将原有4台燃重油的锅炉改造成燃轻油锅炉。

5. 其他设施

根据奥运会足球比赛的要求，在道路整治的同时进行临时设施设备、各类能源设备以及各类信息技术接口的预埋。

编后记

举世瞩目的第29届奥运会在北京圆满落幕已经10个月了，它以其超越政治、宗教、肤色、种族乃至语言的限制成为现代奥林匹克史上精彩绝伦的一页。由于编书撰文的需要，在回溯北京人文奥运精神时，能感受到北京奥运会独特的人本精神及伦理道德的提升，可展现和谐精神与多元文化的交融，更能感受到铭刻时代烙印的奥运建筑的一个个新创造。我以为，作为弘扬并汲取奥运文化遗产，不仅应宣传新建奥运建筑，更应传播北京奥运建筑在城市更新，旧体育场馆改造并利用上的贡献，这恰恰是编撰本书的出发点。

在2008年10月24日，在北京国际体育建筑设计论坛暨国际体育与休闲建筑工作组年会上，马国馨院士发表了"由亚及奥看发展与思考"的论文，创造性地从国际奥运会及中国城市发展视角出发，对比了北京亚运会及奥运会的建设与筹办理念。他认为，亚运会时的建设把亚运会和奥运会结合起来，将现有设施的利用改造和新建结合起来；而奥运会特别突出了奥运建设与城市建设的结合，改扩建与新建临时建筑结合起来，赛时利用与赛用运营结合起来。马国馨院士进一步强调，"在大型国际和国内的体育赛事的筹备和举办上，如何考虑到中国仍然是一个发展中的大国，在适度展示自己的前提下，使赛事的筹备和举办更为理性、科学，务实而不讲排场"是极其必要的。我以为这体现了一位资深体育建筑专家对世界奥林匹克建筑发展方向的评价，它本质上强调了主办城市筹办奥运建筑的一种城市设计思想。2009年1月由《建筑创作》杂志社策划主编的《魅力五环城》出版，它通过几十位建筑师纵览世界现代奥运建筑，从各方面入手道出了奥运建设中的"故事"。书中有多篇文章是在讲述北京及京外体育建筑是如何通过第29届奥运会换来的"奥运新生"的。

新建或推倒再建，这是当今城市建设尤其是"大赛事"主办城市的做法，但对于那些有历史建筑底蕴，并备有再利用可能的城市体育设施，无疑保留及再利用是一种极具"文化传承"意义的国际惯例。空间是生活及文化的载体，一切有记忆的空间都会在获得保护与发展的生命律动中得到延续，在《故韵新声——改扩建奥运场馆》一书中，读者不仅可看到北京20世纪50年代"国庆十大工程"的北京工人体育场，更能看到20世纪90年代亚运会的国家奥林匹克体育中心等项目，通过文化遗产保护理念下的城市设计所带来的"焕然一新"的面貌。如果跳出某一个单体设计的局限，我们可以说第29届北京奥运会建筑体现了一次完整意义上的城市更新规划与设计。这样的改扩建工程不仅再生了有价值的奥运赛事，更成为激活着作为城市复兴实践的文化事件，它使传统意义上的保护理念得到发展，因为整个奥运场馆的改扩建工程本身就是奥运精神保护与重塑的过程，再利用的本身不仅丰富延展了城市体育及文化的功能，更拓展了奥运建设的更新策略——如将不尽，与古为新。

本书在长达一年多的编撰过程中，《建筑创作》杂志社全体编创者认为，新旧奥运场馆已在奥运会上奏响更快、更高、更强乐章。"中国智慧"已走向世界，作为一代专业传媒人，我们所能做的就是要传承代表世界最先进的规划设计理念，其中充分展示并记录改扩建工程的设计经验就是中国奥运会为世界留下的重要遗产，它本质上不仅为城市更新设计，更为奥运场馆赛后利用的"后奥运时代"提供了新思路。所以，我们认为编撰本书意义十分巨大，它不仅为北京，更为其他城市创造着精神及示范。在此我们要诚挚地感谢每一位为编著此书作出贡献的各界朋友。

BIAD传媒《建筑创作》杂志社
2009年9月

图书在版编目（CIP）数据

故韵新声——改扩建奥运场馆 / 中国建筑学会，中国建筑工业出版社总主编；北京市建筑设计研究院本卷主编．北京：中国建筑工业出版社，2009
（2008北京奥运建筑丛书）
ISBN 978-7-112-09883-5

Ⅰ．故… Ⅱ．①中…②中…③北… Ⅲ．①夏季奥运会－体育建筑－改建－建筑设计－建筑设计－北京市②夏季奥运会－体育建筑－扩建－建筑设计－北京市 Ⅳ．TU245

中国版本图书馆CIP数据核字（2009）第129089号

责任编辑：董苏华　戚琳琳　武晓涛
整体设计：冯彝诤
责任设计：郑秋菊
责任校对：刘　钰　关　健

2008北京奥运建筑丛书
故韵新声——改扩建奥运场馆
总 主 编　中国建筑学会
　　　　　中国建筑工业出版社
本卷主编　北京市建筑设计研究院
*
中国建筑工业出版社出版、发行（北京西郊百万庄）
各地新华书店、建筑书店经销
北京圣彩虹制版印刷技术有限公司制版
恒美印务（广州）有限公司印刷
*
开本：965×1270毫米　1/16　印张：12　字数：530千字
2009年12月第一版　　2009年12月第一次印刷
定价：158.00元
ISBN 978-7-112-09883-5
（16587）